U0020455

髮髮×藥師吉米

跟著網紅聰明成家享受好日子

從賞屋購屋、設計施工到設備選品，踏實打造高CP夢想家

吳敏髮、楊登傑 ———— 著

 成家我們也有份，
設計師助攻彩蛋大公開～

竹工凡木設計研究室團隊 ——
乘載生活記憶片段的「家」的具體呈現

　　髣髣與藥師吉米的家，由竹工凡木設計研究室（CHU-Studio）進行室內空間規劃，在本次規劃中，竹工凡木團隊以邵唯晏總監及台南分部邵方璵執行總監主導，秉持著回應髣髣與吉米「理想中家的模樣」為切入點進行思考，建構一個結合工作與生活，滿足多元複合使用，乘載生活記憶片段的「家」的具體呈現。

　　成立於 2010 年的竹工凡木設計研究室，長期著墨於建築、室內、景觀等空間設計範疇，近年更將觸角延伸至策展規劃、工業（產品）、陳設軟裝、二次元藝術等更廣義的設計領域。研究室名稱「竹工凡木」乃是由繁體中文字「築」解構而來，揭示了建築不再只是全面性的構造物，而是透過解構的過程找到獨特的切入點，並以最適切的手法面對設計。竹工凡木設計研究室設計總監邵唯晏，交通大學建築博士，CSID 室內設計協會副理事長（2018 ～ 2019），以「設計實務」與「調研並重」的理念，帶領團隊拓展、深化設計中的各種不同可能性，每每交出令人驚嘆的作品，同時亦榮獲海內外諸多獎項。

團隊善於透過議題探討、材料研發與創新工法，展現出對空間探索的企圖與渴望，將其轉化為美好生活的實踐，此外亦致力於追求打破傳統設計思維，有效降低工程成本，關注當代跨界觀念，無論針對任何空間都希冀能打破既有框架限制，找尋設計中未知的可能性。

設計師　邵唯晏、邵方璵

作者序

　　當我們購入第一間房子時，對裝潢很是要求，希望房子的風格要以「時尚、極簡、大自然」的主題出發，當第一次與「竹工凡木設計研究室」的鬼才設計師邵唯晏碰面時，就覺得這個設計師大腦好似轉個不停、心裡有好多想法！連說話也只說重點，這跟我們的個性實在太像了，當時就決定直接交由邵唯晏的設計團隊來裝潢我們的家，相信會設計出我們想要的居家氛圍。

　　但同時我們也很擔心，我們跟設計師都太有主見及堅持，那在溝通過程中會不會有太多的火花（火氣）？！後來沒想到設計圖一出現時，讓我們為之驚艷，完完全全是我們心中想要的房子，鬼才設計師果真是名不虛傳。

　　從開工、施工到完工的過程中，看到成品不符合我們期待的時候，台南分部的邵方璵執行總監，總是可以心平氣和地溝通，並找到更好的解決方案，因此，能很放心的將工程交給他們，而最終的成品品質，讓我們非常的滿意，也圓滿了這次我們的成家計劃。

吳敏髣（髣髣）、楊登傑（藥師吉米）

賞屋購屋經驗談，
成家規劃、財務控管讓目標加速達陣

讓想像開始動工，
熱血部落客與設計師的相遇剎那

PART 3

品味家電精選，
我不勸敗只勸買 CP 值高的好東西

PART 1

賃屋購屋經驗談，
成家規劃、財務控管讓目標加速達陣

從租屋到賞屋，
理出千頭萬緒的流程

　　以前對我們來說買房子是一件很困難的事，如果沒有家裡父母的金錢資助，對於現在的我們要買房真的不容易，那時髣髣跟吉米都在醫院工作，薪水也不算少，兩個人加起來的每月薪水大約NT10萬，所以結婚後我們一直是採租屋的方式，想說租屋比較沒有壓力，生活品質會好一些。當時為了找到讓我們滿意的住所，花了2～3個月左右，首先需要上網先找目標住所，接著會在不同網站間做比較，等到找到好的地點、價錢合理，最後聯絡仲介並利用下班時間看屋，但每次實際看房之後會發現網路上拍的照片，房間、大小、樣式幾乎都跟實際看屋後的樣貌都不一樣，每看一間房子若不是我們要的，就必須得回到一樣的流程一次，好累！

　　而找屋最讓我覺得困擾的事，是租屋網站放的照片跟實際看屋的差異太大，差異太大我們又要浪費時間回到原點找新的住所。看到租屋網喜歡的房間，我會先打電話詢問價格，但租屋網人員會先說就是網站刊登的價格，接著要我快點來看房子喔，因為剛剛有

人來看非常喜歡這一間，於是我又會很緊張的跑去看房子，若是看到喜歡的物件，業務就會臨時給你提高價格，或是跟您說你是排第二順位，若我們租屋價格可高一千塊我可以跟屋主談，直接讓給你們租（這些都是業務的手法），所以我就被騙了以高一點的價格租房子。另外還有一點要注意的事，租房子是能報稅的，若跟屋主說想要開證明，屋主會跟你說你要報稅，那麼只能將房租往上調，最後吃虧的總是自己。

志偉小夫妻的租房經驗
6 年的房子竟不是自己的

　　最後我在租屋網站看到了一間有裝潢、有小陽台、有傢具、有管理員的房子，於是聯絡了租屋公司，我馬上跑去看房，這是一棟 14 層樓高的大樓，每個樓層有二十間套房，住在裡面的人，大都為上班族，出入相對單純，所以我就馬上簽約下來，隔幾天就搬進去住了。從那時候開始我們夫妻變成了租屋一族，我們租的房子是小套房位在大樓的 11 樓，室內坪數大約 7 坪，衛浴間有浴缸，在泡澡時能一賞一覽無余的市區景觀，白天、黑夜都非常的美麗。住著、住著，也讓我們住了 6 年，住久了兩個人的物品也越來越多，衣服、購買的家電、物品已經堆到了無法放的境界，連原本乾淨的衛浴間也擺滿了貨物，連想擺個桌子打個電腦都得清除眼前的障礙物才有辦法放置，這樣滿屋子亂的生活過著過著竟好像也習慣了，最後連要走路到門口都變成相當困難的事。
　　在租屋的過程中，我們發現我們這一棟大樓的鄰居品質越來越差，例如：有一天晚上凌晨四點，有人用力敲打並試著想要打開房間的門，大半夜的我們都被這驚人的聲音吵醒，於是我朝著門內朝

外的小洞看，居然嚇到我了，有一個女生把衣服脫光光、赤裸裸的試圖要打開我們的門⋯⋯；另一次則是我回到大樓時，有一群臉都看起來兇悍的人跟我一起坐電梯回到 11 樓的住處，接著一起從電梯出來後，這共約 7 ～ 8 個人各自站駐在 11 樓的角落，當時讓我很驚訝也很害怕，於是我又坐電梯到了 1 樓的管理室，跟管理員說 11 樓來了很多不是住在這一棟的鄰居，管理員跟我說別害怕，他們是便衣警察，要來抓一個槍擊要犯，請我在房間聽到任何聲響都不要出門就可以了⋯⋯。

1

2

1　衛浴間是我們最喜歡的部份，大間且舒適，而旁邊是大片落地窗，泡澡的時候能看到市景。

2　這是我們租屋的房間，最初嶄新的套房從未有人住過，內部的裝潢、傢具都非常的新。

後來我和吉米兩個就開始想，居住品質越來越差，家裡的物品也堆到像垃圾間一樣，當時我真是受夠了這種雜亂的房間，真的不誇張，連走路的地方都快沒了，因為櫃子已經擺滿，以至於所有東西都只好都堆到外面，而且還住了兩個人，要開門還得先把行李箱移開，擺不夠還擺到衛浴間內。當每月去繳房租給仲介公司的時候，仲介公司的人常常跟我說，「妳為何不買一間？」他說當時屋主買這一間套房的時候大約 NT100 多萬元，我們住了 6 年幾乎快幫他把房子的貸款繳清了，但是「房子不是我的」，再聽一遍「房子不是我的！」那時我幾乎快要崩潰了，想到我把貸款繳完，但房子是屋主的，而且以現在的房價整整漲了 1.5 倍的價格，心裡總是不舒服，但又如何呢？心裡就是無奈，因為我們總是無法存到頭期款阿，且每年房子都在漲價，但是這也是讓我決心要買一間房子的衝擊點。

　　接著隨著網路的時代，在醫院工作的時候，我們就開始經營部落格，於是身上存款開始變多，租屋的 6 年間我們省吃儉用，但是存款的速度追不上房價的漲幅，比如原本買房可能需要 NT100 萬的頭期款，當我們存到 NT100 萬的時候，頭期款可能已經需要 NT200 萬，當我們存到 NT200 萬的時候，頭期款已經需要 NT300 萬！但沒有關係，我們越挫越勇，終於最近房價稍微止漲，讓我們的存款速度終於有追上房價頭期款的機會了，可以開始賞屋買房了。

3 無法想像過了 6 年，變得像垃圾間一樣，連走路的地方都沒有，自己看了也覺得恐怖。

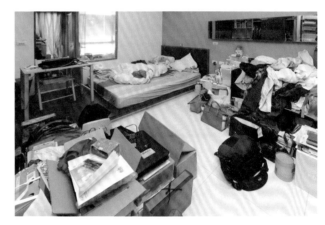

4 沙發、衣櫃堆滿衣服，地上放滿包包及攝影器材，床旁邊就是我們的工作桌，走進衛浴間時需要跨過床才能進去。

5 洗手台推滿洗臉、刷牙、毛巾用具，陽台邊有堆滿了整個貨物，想走出去陽台呼吸新鮮空氣也很難。

從購屋到裝潢我的家，
哪些觀念需知道

　　在找尋房子之前有點慌，畢竟買房是夫妻間的人生大事，跟結婚一樣要一步一步的規劃，首先我不知道要如何看房子，因為沒有人教過我，所以我先詢問有置產經驗豐富的同事，該如何找尋房子，她跟我說幾個重點：「預算、地點，以及建商的信譽」。我同事跟我說，她跟她先生名下有四間透天別墅的房子，都是找有信譽的建商購買的，她跟我說她有一間透天房子住了第 3 年後頂樓房間有漏水狀況，買房子時建商就有強調房子防水保固是 5 年，但她住進去 3 年之後居然讓她遇到頂樓漏水的問題，於是找建商來處理，建商完全不推托，還直接重新做了防水補救，事後，建商也直接遞上新的延長防水保固合約書，防水重新施作後又延了 5 年的保固，也就是說她買的房子防水保固共有 8 年，可見建商的信譽跟售後服務真的很重要！

　　於是我遵循了這幾個重點，我跟吉米討論了一下我們的需求，主要需求是要離高鐵站近，生活機能方便，最好在市區內，設定則

是買大樓，想説常不在家，有管理員看顧及收發信件、包裹，對於我們要常出發旅遊取材是件好事，但我們算一算我們室內坪數至少要 40 坪，若加上公設大約 30% 左右，大約要買到 60 坪的大小才夠，而且我們也夢想住在高樓層的大樓，晚上坐在沙發上就能看到無敵景觀，這些想法看來美好，但往往都不盡人意。

　　確認需求後，第一步驟我先上網查詢哪裡有新建案，並打電話去詢問房子一坪大約的價格，久了之後我發現建商都不會在電話上透露清楚價格是多少錢？於是只好直接到預售屋或是新成屋的銷售中心看房子，每當我走到銷售中心時心就會很慌，不太敢走進預售屋的門口看屋，擔心想看的房子買不起，或走進去時不知道要問他們什麼問題等……。後來我打電話給我同事，問她看屋需要問什麼問題？結果我同事直接給我一個答案，也是讓我決定走進去看屋的動力，她説：「妳只要看個 10 間屋子，大約就可以變成專家，例如看房的重點，詢問價格等……。」有了這句話，我決定大方地走進去賞屋，這時候是我另個辛苦的開始。

　　進去看了建案後，看到滿意的建案價格就不滿意、市區一點的就買不起、買得起的就大概是荒郊野外，真的非常耗時在看房子，有的時候我就會開車到處亂晃，到我想要買的地點附近，看看有沒有新的建案，看到喜歡的建案我仍先一個人去看屋，一走進賞屋大門後，業務員通常會先套路，看看妳能不能買得起，第一句都會問「您好，您是做什麼工作？」，當然我也會很老實的説我是醫護人

員，然後業務員會一臉疑問，看著我的臉不知道在想什麼？我也一臉無辜的臉想說她到底想問我什麼？當下的感覺是看屋也要用攻心計嗎？當業務員帶我去看屋的時候，我會問一坪大約多少錢？業務員會說妳喜歡的這間房屋都銷售完畢，現在只剩下大約 80 ～ 100 坪左右，價格是 NT2200 ～ 3000 萬左右。

　　我當下心裡想說房子有這麼好賣喔！看屋結束後我走出門口，突然聽到業務員說這位女生應該是同業來探價的或是一個買不起的小女生，天阿！當時我心裡想我是真的想買房子，不是來探價的。中間我自己去看了十幾間的大樓，因為我們認為在台南，大樓的價格絕對是比透天的價格還便宜，但看了十幾間大樓之後，發現售價是預期的可怕，便宜的話是 NT1600 萬左右，貴的話要到 NT3000 萬，這個價格遠遠超過我們的預算。那時候我跟吉米討論了一下，我們是不是要買到荒郊野外去了我們才買得起，不然就要買到 20 年的老屋？那時我傷心了兩個月，我跟吉米說我都不想再去看房子了，有點失落想要繼續租屋，但想到租屋處像垃圾間後，我還是要自己打起精神。

吉룸小夫妻購屋紀實：
峰迴路轉，要住大樓還是住透天別墅

　　有一天我跟同事在聊天，我跟她說我覺得我這輩子都買不起或是找不到自己喜歡的大樓住所，我同事說妳是笨蛋喔，台南的大樓房價都被炒高了，晚上妳去看很貴的大樓點燈率都非常低，因為炒房的人大部份都住在北部，所以對他們來說坪數 100 坪，就算 NT3000 萬都是值得投資的，相較跟台北比起來，台南大樓房價相對便宜，但是投資人往往很少注意台南的透天別墅，我聽了之後，突然醒過來了，覺得我們看房子永遠只注意到一個方向，卻忘記還有透天別墅可以看，

於是我回家跟吉米討論是不是考慮要把我們購買房子的預算提高，後來決定預算在 NT1500 萬左右我們應該可以負擔，只是生活要非常節省，於是有了共識後，我開始轉換看透天別墅。

經過了同事的提點，我的信心又來了，我看到了一間透天別墅，是在我們租屋後面的重劃區，那裡的房子全部都是透天別墅的建案，沒有高樓大廈，有好的學區，離百貨公司、高速公路、高鐵都很近，我們看的透天房子地坪是 29 坪，有 4 層樓兩個人住絕對夠用，而且價格在 NT2000 萬內，完全符合我們的要求，於是我就帶了吉米來看這一間房子，吉米也覺得地點非常棒，又是透天 1 樓能停兩個車位，心裏很喜歡也很想買，中間一個月也去看了同一間房子大約 6 次左右，看了這間房屋也超過半年，因為業務員開價是 NT1800 萬，但我們最終的預算是 NT1600 萬，所以業務一直不讓我們買，除非願意用 NT1800 萬買，她才會請主管跟我們斡旋，於是看了這麼久的房子已經有點力不從心，所以吉米覺得應該先去把房子訂下來，馬上去領 NT10 萬先當斡旋金，隔天吉米一早就跟我說我們去訂屋吧！

隔天要去斡旋前，我跟吉米說，可不可先暫時不要去訂房屋，我在自己開車去外面看看有沒有新的房子，吉米答應了，吉米說若下午沒看到適合的房子，我們就去買訂的這一間吧！於是我就開著車沿著租屋處附近的看板指標，從東區到仁德，這就像從台北市過了一條橋到板橋的概念，離我們原本要訂的房子相隔約10分鐘的路程。到了預售屋，這間是已經建好的透天別墅，外觀看起來像豪宅，我鼓起勇氣直接走進預售屋裡面，什麼都沒問，直接跟業務員說要看房子，業務員當時有點傻住，看到我的霸氣、態度穩定，不敢多問便直接帶我去看房子，當時，業務員讓我看有裝潢的新成屋，我心想很喜歡，但是我沒有表現出來，直接跟業務員說，「我想要看空屋」，而且我還隨便指一間說要看那間的空屋子，於是業務員把門打開給我看，當時我的感覺是，這一間房子方正、各處的採光良好，陽光灑進來的一秒就讓我愛上這一間房子了，往上走到2樓，客、餐廳是一層樓，前後都有大片的採光玻璃也有前陽台，重點還有電梯，心裡滿是歡喜，看完房之後，業務員帶我到預售屋裡面坐，跟我說明開價的價格，但是以她的權利只能賣我開價的九五成，於是問我做什麼行業，我說我做什麼行業有很重要嗎？重點是我買得起或買不起？

這一間是我要求看的空屋，當時這一間尚未完工，連電梯也還沒裝設，但最後還是挑了這間可停兩台車位的房子。

　　業務員不敢多問，於是我開著車回家，沒有留下任何資料給業務員。回到租屋處後，我跟吉米說這一間房子離我們原本要買的房子開車大約不到十分鐘，我一看這間房子的第一個感覺就是喜歡，而且心裡總感覺住進來會是讓我們賺錢的房子，吉米聽到有點驚訝，「會賺錢的房子？」心裏好多問號，我跟吉米說，這一間格局非常方正，建坪 100 坪，地坪 42 坪左右，有電梯、採光好，但這間不是

什麼品牌響亮的建商，地點算是以前的台南縣，建案的外面都是老社區，電線桿也還沒有地下化。

但這家建案公司已經有 30 年歷史，都是以包工程為主，他們最近 1、2 年，建案的老闆說想要有自己的作品，於是開始自建透天別墅，自建的第一期透天別墅，很快就賣完了，我現在看的這一間透天別墅是建商的第二個作品。但是吉米好像都沒有把我所說的聽進去，只聽到「會賺錢的房子」，就馬上放下手邊的工作，又跟我再去看了一次，沒想到吉米一看到這一間房子後也馬上愛上了它，我們當時都不管風水問題，吉米馬上拿現金給業務員，並希望隔天就與業務員的主管來談價格，那時候我還覺得業務員有點傻住，她說她沒遇過來看過第一次，就馬上要訂的客人，於是隔天我們就斡旋討論，最後總價控制在 NT2000 萬內，比原本要買的房子便宜許多。

1 1 樓有一片大的落地窗，還有一片橫式的小落地窗，採光相當好。

2 打開門窗，是吉米喜歡的庭院，庭院種了一棵樹，樹葉剛好落在 2 樓的落地窗上，家裡有這麼一片草地真是開心極了。

3 2樓是我們看屋決定要買這間的決勝點，2樓的客、餐廳是相通的。兩側都有大片的落地窗戶，還有一個陽台，讓採光、通風都很棒。

4 通往3樓的樓梯，樓梯間旁邊的穿戶是能打開的，不開冷氣也能讓空氣品質相當好。

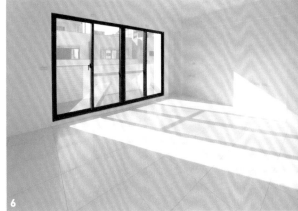

5 衛浴間則是乾濕分離，且有浴缸，白天泡澡的時候還能看見外頭的風景。

6 4樓前面的房子也有很好的採光和陽台。

接著開始辦理過戶等就花上了一個月的時間，過戶交屋時我們也詳細的檢查全屋的狀況，但畢竟是第一間房子，也沒有人教我們交屋時要檢查什麼，於是我們大約看看房子好像沒有問題，就直接交屋了。交完屋後剛好遇到了 206 台南大地震，當時台南房屋倒塌了好幾棟，我記得當天半夜發生時，我們馬上衝到我們的房子，看看有沒有什麼狀況，之後覺得幸好我們的房子沒事，接著沒多久來了一個很大的颱風，台南某些地方因為風災、淹水很嚴重，那時我同事就跟我說，颱風過後的第一天要去檢查新房子，因為這時候最能發現問題。

　　於是我聽了同事的建議檢視了幾個重點，還真的發現房子有問題。4 樓頂樓房間的天花板上有好幾處的水漬、3 樓房間的玻璃窗滲水進來、2 樓的落地窗戶在邊角處有漏水。於是告訴建設公司後馬上有人來處理，並將頂樓重新做防水、3 樓房間的玻璃還請了吊車從外

房屋過戶後，我們開始檢視房屋有沒有任何問題，電梯也已經安裝好了。

這是頂樓往外看的樣子，自己看得都覺得滿意，買房真的是要靠緣分及直覺，直覺對了，房子屬於你的終究脫逃不了的。

面的接縫補強漏水處的地方、2 樓的玻璃則是將兩片玻璃的接縫處，重新處理用矽利康接合起來。

　　處理完新屋發生的狀況後，我們就決定要裝潢，畢竟我們現在的工作不是在外面四處跑，其餘的時間都在家寫文章，於是我們覺得在家的環境一定要舒坦，不然雜亂的環境會影響我們書寫文章的情緒。然後問題來了，畢竟剛付完頭期款，身上要裝潢的預算也剩下不多，於是我們開始討論是不是要直接找工地主任幫我們處理裝潢的問題，那時候有這種想法是因為工地主任他們對於裝潢處理的部份都算專業，但最大的問題我們要花很多時間跟他溝通、討論哪邊要做什麼等等，而且各式各樣的材料我們都必須自己先去找尋，才能請工班主任幫我們做，但又想到事前沒有 3D 設計圖，加上我們常不在台灣，無法時時刻刻的監工，又擔心做出來的成品不是我們要的，若要打掉重練又要花費更多的錢。於是我跟吉米討論了非常的久，決定找設計師來幫助我們。

釐清裝潢需求
和預算管理就別驚惶

　　剛開始找設計師的時候也很頭痛，沒有頭緒不知道哪一個設計師的風格會是我和吉米想要的，朋友推薦我們找台中的一家設計公司，於是我們坐高鐵到台中這家設計公司，一進去討論後，設計公司說他們的設計師有三位全來自日本，設計師專門把空間用到極致，於是我們問了我們會見到設計師嗎？他們說不會見到設計師，設計公司會把我們的需求告訴設計師，設計師會用手繪的黑白圖案給我們看再施作，我們想一想後覺得這樣的程序非常奇怪……。首先，我不會日文而且無法直接跟日本設計師溝通我想要的風格，若透過第三人溝通討論或許會有誤差的現象，第二，我不希望我的房子每個空間用到極致，因為我想要的是一個舒適的大空間，回到台南後我發現這間設計公司理念不是我們要的，所以直接放棄。

看房子大約看了 20 間，總算讓我們找到了。

接著問題又來了，那我們究竟要找誰呢？於是開始上網蒐尋，發現有一家台北設計公司的設計師，做出的風格都為英倫風格的家，感覺有點喜歡，但後來問完之後設計費過於高昂，加上他們在台南沒有工班，若要承接台南的案子，必須付更高的費用才能裝潢我們的家。這樣重複找設計師的時間也花了兩個月，當時我們很想要有一層樓是美式工業風，沒想到我跟吉米突然一起想到一位擅長設計美式工業風的建築師友人：吳宗穎（Steven）設計師，當時吉米問Steven 願不願意來設計我家，他一口氣就答應了，也很快速地來我家中進行勘查，但是 Steven 考量到他在台南沒有工班，就輾轉介紹了另一位非常有名的鬼才建築師邵唯晏，透過 Steven 的引薦我們第一次見到了邵唯晏，他給我們的感覺是一位腦子源源不絕有許多想法的人，這一點和吉米很像，我們與得了很多獎的鬼才設計師，設計出來的房子會碰出什麼火花？中間會有什麼衝突，當時我心裡就打了 100 個問號！？

Key Point
從購屋到裝潢預算規劃理出的重點說明

① 購屋的預算：如果預算只有 NT1000 萬，頭期款大約要準備 NT200 萬。
② 如果預算不足，盡量轉離市區周邊房價偏低的房子開始找。
③ 20 分鐘內車程有沒有醫院，住家附近是否有超商、學校、公園及公共交通運輸等。
④ 購屋最好找有經驗及售後服務好的建商，避免事後發生問題無人處理。

　　接著我們開始找了很多家中想要的圖片與設計師共同討論，想法很簡單，「就想有一個很舒適的家」，所以當時裝潢預算是我們沒有考慮到的，而在討論過程時，設計師便直接明白問我們預計裝潢的費用是多少？也就傻住了，畢竟一時沒想到預算問題，後來才驚覺需要預算管理，這和建材的選用息息相關，也是很重要的一部分，或許低的裝潢預算裝潢起來看起來差不多，但是幾年後裝潢的屋子可能會變成「力力辣辣（台語）」。我們在能力的範圍先討論一個可能施作的裝潢預算，共 NT350 萬左右，這對設計師來說是一個很大的考驗，畢竟 NT350 萬要設計三個樓層且融合不同風格是非常困難的，於是我們跟設計師釐清了我們的裝潢及預算，接下來不管一切先交給設計師來處理。

裝潢需先考慮預算，通常新房子一坪設計費大約 NT3 萬，舊房子 NT5 萬，因此心裡要有一個大約的總預算。

找設計師需找擅長你想要的風格，例如有些設計師擅長工業風，有些是現代風，有些是極簡風等等，都要考量進去。

PART 2

讓想像開始動工，
熱血部落客與設計師的相遇剎那

———

如何構思，
吉米＆髣髣畫出輪廓的開始

　　很多人都問我裝潢要找設計師還是自己找工班發包？其實要不要找真的是看個人及預算，或是個人對住家的品質，這些都是決定要不要找設計師的理由，剛開始時我們想說直接找工班自己做比較省錢，但是對於何時水電要進場、工班要進場、油漆要進場完全都沒頭緒，且我們都還要工作，無法天天從早到晚都在場監工，所以後來還是決定找設計師來幫我們。

　　也許這輩子就這麼一間房子，花錢設計可能就這麼一次，房子裝潢地圓滿，住起來舒服，如果不滿意，每天住在房子內天天看，夫妻間也會天天抱怨，最後決定找設計師是想讓自己的家裝潢不一樣、有獨特性，另外很多裝潢眉角，我們無法想到的部分，希望設計師能給我們不同專業的意見。像水電、泥作、木工、油漆、冷氣、廚具等等，這些都是不同的專業，更何況施工是有順序的，順序錯了就是悲劇的開始，如果自己來或許要花更多的錢來處理；譬如你

先請了個文化石師傅來幫你施作好牆面，結果後來才請水電師傅要在該牆面拉電源之類，若本來牆壁沒有留管路，這是要叫水電師傅打牆嗎？

　　另外找設計師的好處，發現問題就直接對設計師，包含整體性的驗收是找設計師，而不是單一對工程驗收，像我就遇到廚具門片安裝完後，櫃體門片會貼上一層保護膜，等驗收時才會將保護膜撕開，廚具雖然做好了，但過程中發現不知道是誰把梯子或是工具放在上面，導致白色廚具有好幾處非常明顯的碰傷，但我們對設計師驗收，當下設計師負責協調請廚具廠商再將門片帶回處理後再裝上，但若是自己分別找工班，廚具廠商驗收完了，之後其他工種把廚具門片弄傷的話，除非你就接受受傷的門片，要不然就可能要自己再花錢請廚具廠商處理，所以我建議還是找個可信賴、口碑好的設計師會比較好。

＼ 設計師怎麼想!! ／

很多案場不免會有遇到業主方自行發一些小包的狀況，尤其新成屋有時進場後還陸續會有建商到現場做局部細節收尾，出出入入的廠商及施工人員讓現場管控較為複雜，因此容易會在工地衍生出一些難以界定清楚的責任歸屬問題，此時是否有完善的保固服務及良好的廠商合作關系更顯得重要。

在整個房子動工的過程中，有空一定要自己去監工，不要請了設計師就全部放著不管，因為「施工人員或師傅跟我們想的不一樣」，所以自己也要去監工，常常去巡視，一有疑問就馬上拍照問設計師，一方面多一些眼睛看，師傅施工上也會比較細心謹慎，另一方面，一發現問題就可以馬上解決或是討論，才不會發生無法解決的重大問題。

另外，能不要趕工就不要趕工，慢工出細活，尤其很多工程做完可能還不盡理想得打掉重練！像吉米家原本1樓的玻璃磚牆，施作那天是雨天，空氣非常潮濕，施工人員又趕著要一天把玻璃磚牆疊好，結果填縫用的白泥都未乾就急著疊玻璃磚，使得白泥在玻璃磚與樓梯間隙之間一直流下來，想要擦也擦不掉，整片玻璃磚牆施作完後看起來就像在流眼淚，連工程還未完成時，鄰居來我家參觀，打開1樓的大門大家都注意到玻璃磚牆沒有施工好，還笑說這是一座會哭的牆，原本沒施作好已經很鬱悶了，鄰居這麼一說讓我一點都不想要看到「流淚的牆」，想想若這樣以後每天看到，我們夫妻才要每天流眼淚耶。

後來跟設計師溝通後，設計師也覺得不完美，幫我們打掉玻璃磚牆重作。當天施作時，設計師在我家監工一整天，然後還協助師傅一層層慢慢施作，做完一層先電風扇吹乾一點之後，再作下一層，真的古有明訓「慢工出細活」，這樣就沒問題了。

＼設計師怎麼想!!／

我們時常遇到業主在時程上迫切想入住的渴望，相對的會將壓力施加在施工人員身上，以致現場師傅承受極大的責任與壓力感，所以時常關切現場人員狀況，及對業主方詳細說明基本工程進度安排及工序是必要的，設計師必須要在尊重師傅專業的前提下與業主方達到相互理解的共識，讓施工人員能在合情合理的環境及時程下將工程一步步完成。

1 樓利用玻璃磚牆取代傳統樓梯扶手，讓樓梯間能變得明亮寬敞。

How to Think?

　　家既是「具象」的生活空間，又指昇華至情感的「抽象」概念，吉米與髣髣夫妻是知名部落客，跨足旅行、攝影、美食、科技等的自由作家。所以「家」不僅是他們工作的中心，也是生活本身，工作與生活行為共同存在，希望能打造出處處是風景的空間，激發寫文靈感及為穿搭拍攝加分，「家」成為他們不受束縛、任意表現的舞臺。儘管足跡踏遍世界不同角落，「家」，始終是最讓他們想佇足停留的地方。身為自由工作業者的他們有著自我審美觀和生活情趣，根據多元工作領域的獨特視角，將自我的生活哲學、設計理念及創意思維融入家中，企圖透過空間設計呈現出來，找到家在工作與生活中的角色與價值。因此我們沒有限定空間的性質，其功能是依據人的狀況而產生出各項變化。

用四壁記錄生活的痕跡，日常奏出溫柔的力量

　　家也是一個私密且任性的空間。吉米與髣髣夫妻喜愛任意的擺設傢飾，工作和感受生活的過程中，「隨意」的存在也很重要，因此角落隨處可見親手繪製的畫作、從日本扛回來的小木馬及特色模型，在享受溫暖陽光和舒適角落的同時，還能幫助他們有效地思考或發呆。屋內擺放的各國藝品，隨手翻閱的設計及旅遊書籍等，都是吉米與髣髣夫妻寫作及拍照的靈感來源。我們用光線來妝點每層空間，也為白色牆面增添深度與紋理，並為空盪的環境創造質地、記憶與情緒。

　　風格上搭以高飽和的色彩與純粹簡練的構圖，通過不同的材質拼接，融合出無限的驚喜角落；室內與室外交接處，內縮後產生的 L 形戶外空間，造就了雙面採光的優質

條件，為此基地注入充足光線及大量綠意的披覆空間，也隨著時間或氣候變化而變動，讓自然的細微變化補捉時間的軌跡。並且選用柔韌木質、白色布藝、灰色清水模和綠色植生牆等自然樸拙的元素搭配，希望讓整體圍塑出了理性而簡潔的空間。

自然的細微變化，補捉時間軌跡，讓居住者能承載關於生活點滴的情感與記憶。

動工的前奏，1 樓工作室

　　除了北歐風格，我和吉米也很愛最近所流行的 Loft 工業風格，所謂的「Loft」緣起於 1950 年代在紐約曼哈頓地區，有許多藝術家將廢棄工廠或是舊倉庫改裝為具有強烈個人風格與特質的居住與工作空間，最後形成一種具有藝術性及個性的生活美學，主要設計元素有鐵件、裸露的牆面、管線外露、水泥地板、具有歷史感的用品及佈置等，尤其是我看完電影《高年級實習生》之後，更想要有一個這樣風格的裝潢。

　　設計師幫我們畫的 1 樓 3D 立體圖讓我相當滿意，完完全全是我們要的樣子，但接近樓梯的牆磚是設計為透明的玻璃磚，中間有幾塊磚牆是灰色的，剛開始看了有點不太喜歡，因為這種玻璃的設計，我常看見用在公共廁所，或是大樓的公共區域，所以總覺得這玻璃磚沒有美感，擔心施作起來效果不好，但經過設計師一再的保證，又找了幾個作品給我們參考後，我們才答應，當然成品也讓我超級喜歡的。另外設計師在空間中央部分有設計一個訂製的雙面椅子，雖然看起來很美麗，但是 1 樓我們希望用來當作工作室，因此如果用固定組合式的椅子，我們無法搬動傢具且無法活動運用，也就沒有採用設計師所建議的方式。

How to Think?

　　1 樓工作室空間希望藉由多樣 Loft 材質元素，堆砌出屋主夫妻身為攝影師的氣質。
貫穿長形空間的格子以開放櫃框架設計，能讓屋主的收藏品和紅磚牆完美融合，一件件
收藏品在流暢的動線上展現開放姿態，另外用盤多磨地板營造出的冷調則充滿整間屋子。

　　從木質框架的玄關進入到室內，直達底端充滿綠意的後陽台，能讓空間巡禮好似觀
看一部電影，不同的場景在轉角處相繼出現。開窗設計搭配鐵件烤漆隔柵分割，讓原本
單調的車庫空間蛻變成收藏 mini-coopers 的展示櫥窗。再利用玻璃磚牆取代傳統樓梯
扶手，讓樓梯間變得明亮寬敞，光線從樓梯踏面傾瀉而下，暈染於一大片的盤多磨地坪
上，營造出精實而不粗獷的微工業風。

天花板的設計原本我們夫妻想做黑色明管，將管路全部露出來，這樣更有工業風的感覺，而且室內的天花板反而能看起來更挑高，但是設計師說用明管的價格不一定比較便宜，聽到價格「不便宜」後，我們立即取消想法，設計師幫我們施作天花板用的是木纖板，並且增加些粗獷的紋理，加上用的是軌道燈，看起來還是很有工業風的效果。

地板當時設定是使用水泥直接鋪上去，因為工業風格一定要有水泥地才叫工業風啊，設計師當時設計也是使用水泥，但後來吉米有一天看到百貨公司的地板，然後去找尋了很多資料，發現還有比水泥地板更適合做居家的工業風，後來一查之下這種地板稱之為「盤多磨」，但價格會高了不少，好處是使用盤多磨地板，看起來地板更光滑，而且有紋路，赤腳踏上去也感覺不會粉粉的，踏感很涼爽舒適。

工業風另外有一個重點，就是牆面上要有文化石，1 樓的文化石設計師原本幫我們選的是有些紅黑色的工業風常用文化石，剛開始也覺得不錯，但是我們回家討論一下，如果用這麼強烈工業風的文化石，會感覺整天都在工作，無法放鬆，畢竟我們希望有工業風、但仍需要帶點有家的溫暖，於是我們後來挑了偏紅橘色的文化石來作為搭配。

　　現在這面牆放了不少吉米的手沖咖啡器具還有音樂 CD，椅子是 Karimoku60 的 K chair，木馬則是去日本高山專門生產木頭工廠的傢具店買回來的，這一個木馬會讓我喜歡的原因是，它的設計是連一個釘子都沒有，卻能乘載 100 公斤以上的重量，所以有時候我就會像小朋友一樣坐在小木馬上玩樂，回想小時候的感覺。

1

　　在軟裝與傢具的選搭上，1 樓的桌子想要有點復古且帶點創新的感覺，在 FB 看到 W2 有賣檜木的桌子，整面桌子的顏色是有藍色、橘色及木頭拼接的顏色，於是我們就衝到台北的 W2 店裡看看，看到這一張桌子非常喜歡，店家說這些桌子都是他們老闆去把以前國小的檜木桌椅、櫃子買回來，再用特殊的工法做成桌子，因為顏色我們非常喜歡，而且桌子還有淡淡的檜木香，於是就買了下來。

　　1 樓要裝窗簾之前，本來想選用便宜的黑色百葉窗，雖然看起來整個色系是連貫的，但是總感覺可以更好，設計師建議我們寬版的百葉簾來做搭配，最後我們選了隆美窗簾粗曠感的大片木百葉簾，色系則選用咖啡色系的，不過後來裝上去後我們就後悔了，因為全部都是大片木百葉（木頭做的），以我一個女生想要把窗簾拉起來是要費盡所有力氣，感覺好像在做重力訓練，我記得第一次裝好的時候，師傅請我將窗簾拉拉看有沒有問題，結果我一拉木百葉太重，

1

這面牆有不少吉米收藏的相機，這些相機是從國小用到現在還現役中的數位單眼相機都有！另外還有些旅行帶回的紀念品，像是索羅門群島的 nguzunguzu。

2

很多人喜歡在 LOFT 工業風格空間裡放台 MINI 模型，我也是超級 MINI 迷，於是在車庫空間放一台現代經典的英國小車，完全滿足了工業風格。

窗簾以寬版的百葉簾搭配，色系則選用咖啡色系讓整體空間同調性。

線都糾結在一起，結果師傅又拔回去請廠商重新處理；第二次來的時候，又請我拉一次，我真的要說不是我不會拉窗簾，而是木頭做的木百葉，實在太重！結果還是遇到一樣的情形，幸好師傅當下就把它修好了，還跟我們建議就直接用來調光線就好，不要整個拉起容易壞。

我建議未來家裡要裝木百葉的朋友們，可以選用新型鋁百葉就好，看起來有木百葉的質感，但是又輕又好拉，才不會覺得拉個窗簾好像在做重力訓練一樣。樓梯部份我們沒做任何更改，只是在往 2 樓的樓梯間加裝了黑色捲簾能拉下來，以達到阻隔不同空間冷氣的效果。

\設計師怎麼想!!/

如何將一個空間規劃得當又能讓業主方有良好的參與感是我們身為設計師的重要課題，專業的廠商團隊其實相當的重要，每間廠商的經驗、產品規格都不同，但當業主在預算上有所考量時，設計方都會盡可能的給出最大的配合空間，事前皆會告知業主可能會產生的問題及遇到的困難，最後我們依然會尊重業主方的選擇與決定。

1 樓木作工程

▲ 玄關電梯端景，表面材貼覆。

▲ 進行木作工程。

（1）電梯端景區為回家時最先接觸到的地方，我們刻意用木質框景營造出
　　具溫度的緩衝空間。

（2）隱藏門及木作封板的設計手法，不僅將一樓梯下衛浴空間隱藏起來，
　　表面貼覆耐刮耐磨的美耐板材質，還可以於牆體上張貼吉米的攝影作
　　品及旅遊記事，不起眼的小角落瞬間幻化成一隅具人文氣息的小藝廊。

After 玄關電梯端景完工。

1 樓文化石牆面

▲ 牆面打毛。

▲ 牆面沾水處理，避免背膠的水份被牆體吸收以致降低黏性。

▲ 鋪陳牆面文化石。

◀ 牆面填縫。

（1）每排文化石的間距事前用紅外線依貼覆區域放樣打墨線，可以讓排列較為規律。

（2）填縫劑顏色是可以依業主想要營造的感覺做搭配選擇，事前告知施工人員廠牌及色號即可。

After 文化石牆面完工。

1 樓仿清水模紋理漆噴塗

▲ 仿清水模紋理漆噴塗。

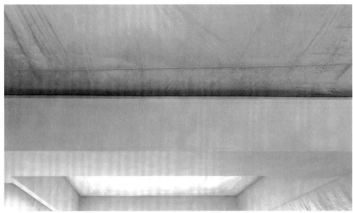

▲ 仿清水模紋理漆噴塗細部。

1 樓玻璃磚牆底面貼鏡面鋁板

▲ 玻璃磚牆底面貼鏡面鋁板與填縫。

鏡面鋁板具有一定的反射特性，且其材料本身是可以在現場做裁切加工的，因此若想要擁有鏡面的反射效果，鏡面鋁板是不錯的選擇。此案於既有樓梯側牆貼覆鏡面鋁板，不僅能讓地坪做無限延伸加大空間感，還能削弱水泥澆灌樓梯的厚重感，進而增添玻璃磚精緻的通透質地。

After 玻璃磚牆完工。

1 樓盤多磨地板

▲ 盤多磨進場施作第 1 天，既有磁磚表面
鑽孔。

▲ 盤多磨進場施作，將既有磁磚表面打磨
處理。

▲ 盤多磨樣品板選色。

▲ 盤多磨進場施作第 2 ～ 4 天。

既有地坪的平整度定要請廠商施工前場勘評估過，且拋光磚的打磨
作業不得馬虎。最好將盤多磨施作工程安排在所有工程的最後面，
避免人員進出發生踩踏未乾表面的意外。盤多磨的紋理走向是由師
傅現場刮抹，施作前可配合現場布燈位置做不同程度的刮抹效果。

After 1 樓盤多磨地板完工。

咱伙來我家 2 樓客廳

　　原本想說一整棟都要用同一種風格來設計，後來覺得每層樓用相同風格看起來無趣，若每層樓來點不一樣的風格，朋友來我家才會有驚艷的感覺，於是我們希望家裡有一層樓以白色為主的設計，北歐風是最適合我們家 2 樓的風格，因為原有廚房的位置就有大片的落地窗、客廳有陽台，前面還有整片的玻璃窗，採光無限好。

　　我當時看房子就是被 2 樓的空間吸引，整個感覺就是寬敞、大器，最重要的是讓我感覺「風水好，住在裡面會發財！」所以我希望 2 樓設計是乾淨、清爽，有石、木、植物等大自然元素，讓待在這空間裡的人真正感到放鬆、舒適，也希望客廳兩邊的牆面是不同的元素，但搭起來要協調，於是想要清水模牆，另一邊則為白色文化石牆的感覺。另外我們夫妻都是喜歡看書、買書的人，家中書籍特別多，我設想要有一個特別的書櫃設計，但又不像組合櫃，在家裡能聽著我最喜歡的 Carla Bruni 的歌曲，拿著一杯咖啡，閱讀一本書籍是我最喜歡做的事。

　　而家裡的 2 樓建商本來就沒有隔間，建商希望給住戶自己去運用這一個環境，住戶鄰居很多人將 2 樓隔為兩個空間，前面隔成一間房間，後面是廚房，但我們比較不喜歡隔間，我希望整個是開放式的空間的極簡北歐風格，因此隔間從來沒有在我們的規劃內。

　　設計師最初讓我們看到 2 樓 3D 立體圖，也是我們想要的北歐風格的樣子，完全沒做什麼修改，就決定這樣做，尤其是電視牆旁邊的書櫃，層次的美感讓整個焦點會放在書櫃上，也是整個設計中讓我非常喜歡的一個重點。

　　但為何實際做出來的時候，櫃子不是這樣子的呢？當時我去監工的時候這一個櫃子已經做完了，於是我問了設計師為何不是原本的樣子，有些小失望的，後來設計師說因為櫃子後面有個變電箱，現場師傅考量日後承重及使用的問題，所以無法做成原不對稱的設計，若要維持原設計，層板無法承重。住了 1 年後，我跟吉米在看當時設計圖的時候，覺得無法承重也沒關係，頂多我的書不要放太多就好，現在想一想還是覺得原本的櫃子很美，當時應該要堅持請設計師幫我們與師傅溝通，犧牲掉部分機能與藏書空間，想維持原設計方案，我想設計師到現在還不知道我們有多喜歡當時他幫我們畫的這一個書櫃，如果有這一個櫃子，會讓整個客廳大加分。

關於北歐風，北歐位處高緯度，冬季非常漫長、酷寒加上日照時間很短，所以房子裡的顏色以淺色、明亮為主，還有潔淨的清爽感，室內設計與居家用品的靈感多取自大自然，簡單、有設計感，但卻同時具有機能性，搭配綠色植物，讓人感覺非常舒服、無壓力，大家可以用搜尋 Google 圖片搜尋 Nordic style、Scandinavian Design 等關鍵字，就會有很多國外的設計實例，可以找你所喜歡的空間及元素來跟設計師討論。

設計師怎麼想!!

設計師的立場跟業主方是一致的，雙方對設計上都極度的要求，原設計若能在不與現場施作條件相衝突的前提下，設計方不會對自己的設計做任意的變更，當然雙方良好的溝通關係是相當重要的，施工與設計方現場做了任何的設計變更都會予以告知，若業主方能及時提出想法，當下就能配合調整修改。

How to Think?

　　我們將前陽台與室內相接的牆體拆除，取而代之的是寬敞的曬太陽空間。並用大面透明玻璃做隔間，讓室內地坪得以延伸，模糊內與外的界線，不但可以增加自然光的攝取，室內空間也跟著遼闊。混凝土澆灌出的清水模電視牆面搭配鐵件烤漆平台，讓空間呈現出不加修飾的自然感；強化玻璃隔間則具高度穿透性不干擾視覺。讓整體空間中，不同層次紋理的白與戶外的綠意間穿插擁有自然魅力的木質量體。

　　燈具部分設計師幫我們選用嵌燈，有三個燈打在清水模牆上，三個燈打在白色文化石牆面，燈光照下來能看出白色文化石的凹凸紋理及質感，白色文化石上還設計了軌道能在牆上掛上我畫的油畫，但因為感覺白色文化石有它的美感，因此也就一直沒有將我的畫掛上去了。

有時我們夫妻不想坐在椅子上，就能坐在地上身體靠著沙發，兩人喝杯紅酒，看著電視聊天是非常享受的事情。

當時決定要買白色沙發時，店員跟我說她一直推薦客人買白色的沙發，但大家都擔心有髒掉的問題，因此我們是她賣第一組白色沙發的人，沒辦法白色沙發實在讓我們無法抗拒呀。

面對電視後方是白色文化石牆面，選擇沙發的時候設計師都建議要選灰色的，可以跟清水模牆有所呼應，而且設計師有提到選白色沙發會跟白色的牆面無法區分，遠遠看會白掉，但是實在太想要白色的沙發了，也找了很多北歐風書籍的軟裝配置，發現搭配白色的沙發反而更有北歐風格的感覺。最後我選擇白色極簡樣式的三人座的沙發椅，搭配北歐概念（boconcept）不同顏色漸層的風格地毯及抱枕，讓白色沙發感覺整個跳了出來，坐在沙發上也讓人鎮靜、平穩。地毯是北歐概念（boconcept）的 kaleidoscope，材質是羊毛做的，用了藍色、橘色、白色等顏色拼接為幾何圖騰。

電視牆是清水模，原本設計師給我們看的是仿清水模施作方式（仿清水模磚或是特殊塗料），但我們一直覺得「要做就做真的吧」，預算及施工時程考量下，設計師一直說服我們做仿古的，並找了很多看起來像真的清水模版型給我們看，但總覺得哪裡不對，於是最後我們還是堅持要做真的清水模，還一直哀求設計師，最後設計師幫我們找了一位願意做清水模師傅。

清水模師傅來現場綁鋼筋、灌水泥，做了一道我們真的想要的清水模牆，價格還比仿清水模牆價格多一點點而已，看到這一面牆完成後我們真的超感動，也真的打從心裡佩服設計師。其實做清水模牆並不是這麼困難，但要做的漂亮加上面積太小，做清水模的老闆其實都不願意承接這種案子來做，因為一面牆對他們來說面積太小，需要的工卻是一樣的，所以對他們來說一般都只承接整棟建築的清水模獲利比較多。所以我真心覺得我們很幸運，差一點要給清水模老闆及我們設計師跪下來膜拜了。（清水模工法執行細節見 p64 頁）

我記得邵設計師第一次來我家勘景的時候，看到我們家 2 樓有一個陽台，但從客廳看出去的陽台，被原本的玻璃及鐵件遮住了視野，因為設計師想要在陽台做一個植生牆，因此我們把原本的牆面切割為更大一些，然後換上整片的玻璃，並在陽台上做了一道植生牆。當時我們還在考慮要做假的植物，或是吊掛幾盆盆栽就好，後來想說要常澆水對我們也是一件很麻煩的事，萬一植生牆盆栽死了，要我們一直去換也是挺麻煩的。

很多網友看了我們這面清水模牆都很喜歡，會問我們
是給那位廠商做的，我們把廠商的資料給網友，但網
友陸續回覆給我們的是，清水模老闆現在不做小案子
了⋯⋯，這對他們來說成本不符合效益。

於是設計師幫我們找的植生牆廠商跟我們説，現在做真的植生牆能裝自動澆水系統，只要設定每天澆幾分鐘的水，我們都不用怕麻煩，植物也不會一直死而需要更換。於是聽從建議做了面真的植生牆，從客廳看到外面整個有欣欣向榮、生氣蓬勃的感覺，這讓我們更深信生氣蓬勃，會讓我們生意也蓬勃，總之做了這一道牆之後，感覺我們更賺錢了。（植生牆工法細節執行見 p72 頁）

客廳的地板是選擇 meister 淺色超耐磨木地板，其實超耐磨木地板也有較便宜的選擇，不過 meister 因為較寬、較長，紋理不會那麼密集而讓人感到有壓迫感。另外還有一個原因就是「踏感很好」，因為在家都是打赤腳的，因此選擇超耐磨木地板時是真的打赤腳在樣本上踏踏看，實際體驗後覺得 meister 的踏感最好。

在軟裝與傢具的選搭上，家裡客廳中央沒有放一個大的桌子，因為不想要有傳統擺放傢具的感覺，且放上一個桌子感覺空間會變小，既然是北歐風就希望傢具不要太多，而是要極簡，因此選了三個一組可以自由排列組合的邊几，三合一放在中間可以當咖啡桌，也能將兩個桌子放沙發旁、一個放單椅旁當邊几，這樣的桌子既可以活用，也讓整個空間感更大且開闊，而且這三個邊几的設計是很輕盈的，沒有一般傳統桌子的厚重感。

客廳放的喇叭選的是 B&O 的 A9，是藍牙無線喇叭而設計概念是樂器一鼓，下方的腳座則是打鼓棒，圓圓的設計放在客廳看起來像藝術品，不像一般專業的音響設計成方型，還大大兩座，加上很粗的音響線，很不搭我家的風格，而且這台音質很好，重低音聽起來也不會有吵雜和聽膩感，用手機跟喇叭配對連線就可以聽音樂，是一台兼具設計、藝術美觀的喇叭。

單椅後方的書櫃是貼風化梧桐原木皮，呈現原木的自然感，能放非常大量的書籍，因為原本就有規劃要放很多書，所以設計師在層板設計上還特別幫我們加厚，這樣才穩固。書櫃旁的吊燈是西班牙品牌 Marset 的 PLEAT BOX，這燈有三種大小還其他顏色，燈具的材質是陶瓷做的，摸起來很有質感，但使用上要非常小心，因為若不小心撞到牆壁，它是會破掉的，我們選了米白色的吊燈，放在書櫃旁非常搭配，而背景是清水模牆，因此打開燈看書的時候，會有一種寧靜感。

　　放在書櫃前看書的椅子，是選擇北歐概念（boconcept）的設計師款 -Fusion，這是由日本設計工作室 nendo 設計總監 Oki Sato 所設計，以「摺紙」為設計概念，我很喜歡它看起來胖胖的感覺，坐在上面看書就像把你包圍住，所以我都稱這一張椅子為胖胖椅。

　　選擇窗簾的時候，花費了我們好多力氣及想法，因為 2 樓的窗戶大大小小且什麼樣的窗型都有，例如：落地窗、方形窗、樓梯間角落的對外長型窗都有，客廳前面的窗戶建商只設計一半的窗戶，若是窗簾只做一半真的會很醜，另外靠近陽台、餐廳大片的落地窗，樓梯間及廁所旁都有小型窗戶。

　　最後客廳前面的半窗戶我們選擇隆美白色的紗簾，上面有一點點花紋，但看起來不明顯，窗簾做成整片到地板，窗簾拉起來就有白色陽光透光的感覺，看起來也有整體性。落地玻璃窗在選窗簾的時候，希望窗簾的樣式可以做得很薄，於是設計師介紹我們使用 Norman 蜂巢簾，Norman 蜂巢簾的好處是可以將窗簾上拉，或全部拉在中間，又能整個拉下來，但是價格真的好貴好貴，這一個蜂巢簾最大的特色是薄，看起來很像用紙做的，遮光效果又超級好。

1

書櫃層板的加厚設計,讓原木的質感也更強烈。

2

我很推薦家裡用這種窗簾,但就是一句話,貴而已啦!

清水模電視牆施工 & 價格大公開，
自然感超棒

**過程
分享**

　　大概是受到建築大師—安藤忠雄的影響，吹起一片「清水模」的流行，我們也很愛清水模的那種自然、冷靜、質樸的感覺，雖然整棟或整層清水模的設計會非常漂亮且有設計感，但其實要長久住的話，會感覺過於冰冷不溫暖，所以一般都是會做個牆面像是電視牆等，這次既然要裝潢，我們也請設計師幫我們能融合清水模的元素，最後就是幫我們設計一面清水模電視牆，不過坊間傳聞清水模造價高昂，數倍於仿清水模工法，而且失敗無法補救，施作難度非常高。

　　因此最普遍的是如何施作跟真的清水模一樣，有仿清水模壁紙、仿清水模磚、水泥板、水泥粉光、特殊塗料等等，有的是塗上水泥再鑽出清水模牆面上會有的洞，非常多元化、但有時看起來就是假假的，一開始設計師也是跟我們推薦使用仿清水模磚，但但但……，我們覺得，要做不如就做真的吧，畢竟仿清水模工法不管仿的再真，它都是假的，若仿得不好，怎麼看還是假，天天看到天天怨，但真的清水模不管如何，我們家是實實在在的清水模牆，就算失敗也心甘情願至少我努力過了。

　　最後在我們堅定的意志及哀求之下，設計師努力的去找願意來幫我們施作的師傅，總算圓了我們擁有清水模牆的夢想，趕緊來看看清水模施工施作過程紀錄。

清水模正式名稱是「清水混凝土」（英文：fair-faced concrete），因其極具裝飾效果也稱裝飾混凝土。是混凝土澆置凝固後，不再有任何抹平或塗裝，完全表現混凝土素顏的一種手法，因此組模及灌漿階段就會決定其好壞及成敗。

我們家的清水模電視牆上的井字線條看起來好像是 3X3 塊清水模，其實他是一整個混凝土同時凝固而成，上方的井字紋路是板模所造成，也就是這面清水模電視牆用上了九片板模來製作，上方的洞洞都是金屬條穿出的位置，這些線條跟洞洞位置則是由設計師跟我們討論後決定的，也就是你要做 4X3、然後每一方格只有兩個洞洞也可以，那報價到底差多少？像我們家原本若是施作仿清水模工法，用仿清水模磚去施作，報價是 7 ～ 8 萬，因為後方也要先用木工造面牆，這樣裡面才能放管線，然後再貼仿清水模磚；那這面真的清水模牆施作價格是多少呢？答案是 10 萬元整！

我們很喜歡家裡的清水模牆，讓看電視時的心情更好，而且怎麼看都不會假假的感覺，因為這面牆是真的。

並沒有坊間傳聞的差個兩倍之類，其實就算差個兩倍變 14～16 萬好了，我想我家的老大吉米也是會做，因為他是一個要求完美主義者，但如果是 50 或 100 萬之類，我們就會放棄。

　　但其實要做清水模牆最大的困難處在於「能否找到願意施作的師傅」，因為這樣的工程規模對他們來說太小，其實清水模的材料就是水泥混凝土，成本很便宜，但不是水泥抹一抹就好了，工程需要很龐大，首先要請好多個師傅來綁鋼筋、固定板模、請混凝土預拌車灌水泥、等凝固、拆板模這樣的過程，貴就貴在這裡，而且施作清水模的時候，長達一個禮拜以上這空間根本無法施作其他工程，因為都被固定板模的鐵架跟模具給佔滿，這也難怪設計師比較不會去推真的清水模施作方式了，因為可能會延長他的施工交件時間。

要施作清水模一定要早早決定、找好師傅及預約好他們的時間，要不然會影響到其他工程，像我們家清水模對面是白色文化石牆面，清水模就要先施工才能換文化石來施作，若先做文化石，那清水模的模板鐵架就會傷到文化石。

清水模師傅會將設計師給的線條位置跟洞洞位置畫在牆上。

每個洞洞的位置會在牆上鑽孔，並鎖上有螺紋的鐵條，就是最尾端還可以鎖上螺帽這樣，這鐵條的長度就是清水模的厚度。

接著埋好內部的電線管線，並且綁上鋼筋，側邊牆壁也要鑽孔。接著還要綁上橫向的鋼筋。

地板及側邊牆面都是鑽洞然後將鋼筋插進去的，這樣灌好的清水模才穩固，電源插座位置也都是先留好。

接下來出現了一大堆鋼管及木條，以及大片清水模用的板模。

跟一般水泥板模不同的是，這清水模板模表面是光滑亮面，還會反光。所以清水模才會完工後非常平整光滑，大小會切割成我們要的大小。

然後我們家就變這樣了，而且會這樣超過一個禮拜以上。首先要等混凝土預拌車可以來的時間，而因為清水混凝土的水泥配方比較不一樣，所以要來之前要先清洗，然後再裝填清水混凝土的水泥配方，然後我們的量又太小，所以一定要等。

上方會作個可以讓混凝土灌進去的構造，但也因為上方要流灌混凝土的空間，因此無法做到滿版。也就是清水模電視牆上方會離天花板或橫樑有個約 10 ～ 20 公分左右，因為吉米家這邊有個橫樑，所以就無法再往上作了。若是沒有橫樑的話，可以先做清水模、再作天花板，這樣就可以滿版。

接下來門口搭鷹架，之後混凝土預拌車就是從這邊灌水泥。一台只裝了一點點的水泥混凝土、另外一台則是灌漿的。

師傅們就是從作好的模型上方灌入水泥。下方則有很多人拿鐵鎚、木槌敲打，讓進去的水泥可以密實不會太多氣泡空隙，一邊灌一邊打。

灌好後，就是放著等凝固，大概要 7 ～ 10 天左右。

時間到就是來拆鐵架跟板模啦。

這上方的螺絲拔起來後，還會留這樣一小段凸出來。

可以看到用幾塊板模就可以造成幾條直線跟橫線，但其實這是一大塊水泥混凝土，而不是九塊。剛完工的清水模還濕濕的，顏色比較深。

拆開後會看到螺絲上有這橡皮結構，這叫香菇頭，有這橡皮結構，要取出時才好取出，不會黏住；香菇頭取下後，就是一般我們看到真的清水模上方的洞洞，裡面還可看到最原本鎖在牆上的鐵條尾巴。

也可以用這模具，將洞裡再封水泥，這樣就會看不到金屬條尾巴，這就是很多仿清水模工法會鑽個洞模仿已經封完水泥看不到金屬條尾巴的那個樣子。可封可不封，選擇不封，因為這些金屬條可是真的清水模施作方式才會看到。

看看整個就變這樣，所以清水模在施工時，其他工程幾乎無法來作。隔幾天會慢慢越來越乾。

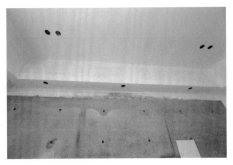

清水模電視牆距離上方天花板還有段距離，因為無法灌滿，而且會有些灌水泥噴濺的痕跡。

其實重新粉刷後，也不是那麼明顯會去注意到上方的距離。

整個清水模有著很自然不做作的紋理，讓人感覺表情很豐富。很多仿清水模工法是另外用顏料調色去慢慢壓出這樣的紋路。

清水模表面不會再另外作處理，表層原本就是亮面的。也會有一些自然的氣泡孔洞。

若孔洞太大也可以跟師傅說要那些洞要用水泥填補起來，不過要注意填補的水泥顏色可能會跟原本的有色差。洞洞內部的樣子。

最後的成品非常令人滿意。

超美植生牆，
整片綠牆讓人天天好心情

　　我一直夢想著可以住在綠意盎然、充滿植物擁有旺盛的生命力的家中，感覺當空間能有一些綠色植物的元素，這樣住起來才能真正感覺到放鬆，所以當設計帥說要設計一面植生牆時，我們的眼睛都亮了起來，紛紛點頭如搗蒜，超級期待的，不過問題來了，我們會想說植生牆好不好顧？會不會種不活？而且很怕潮濕還有蚊蟲！後來得知植生牆要設計在陽台的整面牆上而不是在室內，這樣就避免掉了潮溼及蚊蟲等問題，髒了還可以灑水清洗，另外我們也更換成大片落地玻璃，這樣從室內的每個角度就都可以看到這面植生牆，完工後我們真的愛死這面植生牆了，每天坐在客廳、餐廳都能看到綠色的植栽，原本心情低落，也會慢慢的讓心變得平靜。

　　植生牆有設計自動灑水系統，每天時間到就會幫每盆植物澆水，現在已經三年了，每顆植栽都還活得好好的，除了植栽長大了，需要偶而更換個幾盆，只能說找專業的來處理，要不然不懂植栽的特性、種類，自己買來放很容易死光光。設計師將植生牆這樣設計在餐廳與客廳的中間，連在餐廳吃飯時都可以欣賞這片植生牆，可以說真的很值得。

長得非常旺盛茂密，晚上時看這一面牆又是不一樣的感覺，經過了這麼久的時間，
還真的沒有什麼蚊蟲，要不然晚上裡面開燈，蚊蟲應該會都飛來停在玻璃上才是。

我們家客廳的陽台原本就有落地窗，但中間卻有三支巨大的金屬窗框，而且玻璃還有層反光鍍膜，晚上時會變成像鏡子般，完全看不到外面。白天時也感覺客廳跟餐廳中間的地方很暗，因為玻璃阻擋光線進入室內的效果太過強烈。遠遠看就是一個黑色的東西在那裏，根本是視覺毒瘤，所以第一眼就被設計師盯上要打掉重練，我們也深表認同。

　　這其實要下很大的決心，畢竟這原本就是一個全新可以使用的東西，但卻還要先花一筆錢把它打掉、再花一筆錢清運廢棄物，然後再花一筆錢重新做一個新的落地窗跟鋁門，但最後成果真的是值得的，天天都有好心情。

陽台紗窗門有無數支金屬橫桿，像被關在監獄裡，又是深色的，存在感很強烈，很有壓迫感。

　　設計師跟我們是討論整面牆及地板都用南方松，牆上釘南方松的原因就是進可攻、退可守，南方松牆面可以掛上一些植栽、也可以做整面植生牆，就看最後剩下的預算而定，放幾盆植栽雖然沒有一整面植生牆壯觀，但也有幾分樣子，若有要做植生牆「要留電源及水龍頭」，若一開始就決定要做整面植生牆，而且預算也夠，那南方松牆面不一定要做喔，因為植生牆自己就有鐵架可以鎖在原本牆上，不用掛在南方松牆面上。

　　南方松地板是可以分片拿起來，方便清潔地板，另外植生牆留下來的的水也可以往下排出。目前裝上植生牆後，發現只有落葉會掉進地板縫隙裡，每隔一段時間就要把地板打開清理一下，所以若可以是鋪木紋磚沒有縫隙，直接清落葉就不用再把地板打開清潔，會比較輕鬆些。

這是還沒施作植生牆前的另個角度，就是感覺比較沒有「生」意的感覺。

這一袋袋的植物是我們將要種上的植物。

首先工人會在我們牆上釘鐵架。這些鐵架是在工廠先製作好尺寸才帶過來的,接著會在一格格的鐵架上裝上垂直綠化生態盒;並且水管佈線。

藍色部分就是出水口。打開水龍頭不會一直給水,而是會由自動控制器來控制給水時間及給水量。

每三排會佈上一行橫向水管,因為水滿了會往下流,所以不會每一行佈一條水管,只要計算好出水的量,就可以剛好讓三層綠化生態盒都佈滿水。

這是出水閥門,由控制盒控制,這樣就可以達成自動澆水的功能,這真的很重要,要不然我們怎有辦法天天去澆水?有了這裝置,就算出國旅行一段時間不在家,也不用怕沒人澆水植栽會死。

自動控制盒是需要插電的,也因此植生牆要設計有自動澆水系統的話,一定要有電源,萬一要施作的地方沒有電源,裝潢時一定要跟設計師説,請他協助將電源拉至此。

每種植物需要的日曬時間都不同，
因此會先來評估場地及日曬程度，
進行植物佈置及品種的設計建議。
我們家陽光是屬於半日照，尤其在
最頂層會幾乎沒有陽光，但還是可
以做植生牆，就是植栽品種要特
別挑選低日照的就好。

雖然植栽品種幾乎全都是綠色的，
但就是造型有所不同，會有變化而
不會呆板，而且不要小看這面牆，
這面牆上就有約三百株植物。

大片葉子的是山蘇。

底下是波士頓腎蕨。

這是最上方的阿波羅，應該是最不用日曬。

還有許多旺財樹。

從外面看也是很茂密漂亮，要特別提醒的是，一般原本的水龍頭若沒有特別吩咐，工人就會直接接上自動供水系統，這樣就沒有另外的水龍頭能使用了，因此建議一定要事先告知要有一個水龍頭可以接水管或多裝個三分接頭，一頭進水，另一頭出水道自動灌水系統、另一頭則是我們可以使用的水龍頭。

因為植物在一段時間後，葉面上會有灰塵，需要裝上水管將這些植物噴灑清洗，才會變得翠綠漂亮，這樣就有下雨後植物都變得很乾淨的那種感覺，要不然像家裡陽台連雨都淋不到，這樣沒有雨水可以清洗葉面，久了會髒髒的。

另外自動控制盒是隱藏在這地方，從室內角度完全看不到。

我家這門還是有設計紗簾，若要打開門透風也是可以的，整體來説超級滿意家裡這植生牆的，非常漂亮，而且讓家裡充滿旺盛的生機，天天看著這道植生牆，心情變得超級好，強烈推薦大家裝潢設計時可以把植生牆給考量進去喔。

2 樓保護工程 & 隔間牆打除工程

▲ 保護工程。

▲ 隔間牆打除工程。

After 完工。

2 樓沙發背牆面貼文化石

▲ 沙發背牆既有牆面打毛處理。

▲ 沙發背牆面貼文化石。

▲ 文化石批號確認，避免不同批號產生的色差問題。

▲ 沙發背牆文化石填縫處理完工。

客廳鋪設木地板

▲ 客廳鋪設木地板。

▲ 打造客廳閱讀小角落。

After 客廳閱讀小角落完工。

一起來吃飯，
2 樓廚房、餐廳

接下來就是廚房跟餐廳，我們在看房子的時候，廚房可是一大重點，因為一直有個夢想，想要有個有中島的廚房，而且還要面對大的窗戶，採光一定要好，重點廚房一定要有冷氣吹，才不會做菜做得汗流浹背，另外也想要有那種常在電影裡看到，可以烤出一整隻金黃色烤雞還有大披薩的大烤箱，感覺夫妻在這樣的廚房學習料理就像電影般感覺一樣的夢幻。

建商給我們的中島上沒有插座很不方便，原本所設計中島的功能是只能切菜及在這裡煮飯，但我們希望中島也是要有功能的，能規劃一個感應爐隨時做些簡單的料理，不需要用到瓦斯爐的明火，我們買的感應爐是 BOSCH 嵌入型烤箱、蒸烤爐，所以必須要牽220V 的電。而平時我們喜歡喝咖啡，希望有個小地方是能放展示咖啡器具之處，也能順便當拍攝背景。

吉米當初選房子也是選一定要有倒 T 型抽油煙機的；廚房的地板是建商當時用的石英磚地板，地板是白色的且有一點咖啡色斑紋，整體與白色風格的廚房相當合搭。

How to Think?

有別於一般界定空間架構的手法，將客廳、餐廚創造出了模糊的中介空間，而中島搭配木質長桌能延續至核心空間，串聯雙邊窗景，得以讓空間與自然做進一步的對話。

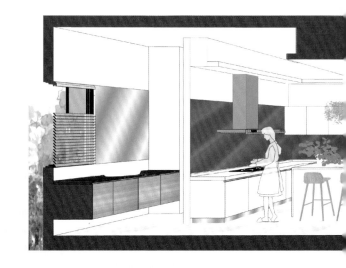

餐廚的餐椅是北歐概念（boconcept）的 Otawa、中島吧檯椅是 Muuto 的 Nerd Bar Stool in Tall 書呆子木質高腳椅；餐桌選擇極簡樣式，這款是 Miniforms Manero Table，但是復刻訂製款，240 長度公分桌子能坐上 6 個位子，非常符合我們在這裡用餐和使用電腦。

窗簾是 Norman 的蜂巢簾，Norman 蜂巢簾的優點就是可以這樣懸浮在空中，高度及範圍都可以自行調整，可保有隱私又兼具採光，但是價格也是昂貴，雖然目前蜂巢簾有很多廠商在做，我也問過其他窗簾的廠商，他們都說無法做到像 Norman 的蜂巢簾寬度只有兩公分，另外，我當時有點質疑蜂巢簾寬度只有兩公分，到底能不能阻絕熱源，沒想到當陽光灑進來的同時，原本窗簾是拉下來的，裡面開著冷氣感覺很舒爽，但是一把蜂巢簾打開，才發現熱氣都被

1 　選擇極簡樣式的餐桌，使整體軟裝搭配上沒有違和感。

2 　窗簾的缺點是白色易髒，窗簾線本來是白色的，但現在
　　用了一段時間後窗簾線已經逐漸變咖啡色的。

阻隔在窗簾與玻璃窗之間，這時候我才發現好的窗簾還是有所價值。

　　客、餐廳是開放式的設計，但中間有設計玻璃拉門，可以用來阻隔廚房油煙及避免冷氣外洩，原本設計師是幫我們設計不透明的蜂巢簾，但我們覺得拉起來會看不到客廳，若是有孩子在客廳，我們在廚房是無法觀察到孩子的狀況，所以後來改成全透明的玻璃拉門，就算玻璃拉門拉起來，看起來空間還是很大。

　　陽台出口的旁邊，設計師幫我們設計了個懸浮層架，這個懸浮層架用的兩條鋼鐵是做成不對稱的，非常有設計感，層板並沒有連接在牆上，而是固定在天花板上，層架的底部沒有與地板連接，當時我很擔心這個承重量不夠，還問了施作的師傅，師傅跟我說別擔心，他說這一個架子可以承重一百多公斤，這真的讓我太驚訝了！不過師傅有說雖然能承重，但不能搖晃否則很容易壞掉，但這一個架子在 2 樓部分是我們覺得最有設計感，也是覺得最漂亮的地方。

　　2 樓的樓梯扶手本身是咖啡色系的，我們一直覺得跟客、餐廳格格不入，於是跟設計師討論後，決定將扶手拔掉，設計師幫我們設計一個不規則形白色鋼架的扶手，但當工人來拆除扶手後，還沒安裝新的白色鋼架的扶手時，中間有一至兩個星期的空窗期，我們每天在這裡走來走去，後來發現這裡沒有手把感覺更美、空間感覺更大，於是我們做了一個很重大的決定，決定不裝扶手上去了。不過不裝樓梯扶手後，還是會考量上、下樓的安全性，所以我們事後在樓梯側邊擺些鞋子，人在走動時直覺反應會繞過鞋子，盡量往右手邊走，也就增添安全感。

設計師怎麼想!!

　　一般建議還是做一些具設計感的扶手較為安全，但考慮到使用頻率不高，決定將這議題放入未來的二次工程再行評估是否安裝，此場域還有在旋轉平台上特別設計一塊能置放大型藝術品的平台，也能稍微利用陳列此裝置藝術做基本的警示與遮擋，不失其美觀也相對更安全。

1

開放式的設計，中間玻璃拉門讓整體空間視覺效果放大。

2

層架上放滿北歐風的小物當擺飾，每天看都覺得很療癒。

3

不裝樓梯扶手還是需要考量安全性。

原本建商給我們的中島檯面是一個木桌，桌面看起來像是貼木頭片的塑膠皮，我們一直不太喜歡，設計師建議我們換成白色的人造石，之前去賞屋看了好幾間豪宅的時候，看見許多的精品屋，中島都是放有紋路的大理石面，所以我一直很喜歡有紋路的大理石，設計師跟我們說，現在有仿造大理石面的人造石，後來看到報價有嚇到，不……是驚嚇，想說怎麼人造石這麼貴，已經超出我們的預算非常多，所以後來請設計師找真的大理石來做我們的中島檯面，價格也便宜了許多。

　　我們實在太在意大理石上的紋路，於是跟著設計師到大理石工廠挑選了一片銀狐花紋的大理石，還特地跟廠商說我們的銀狐面切割時要放在「中島的側邊」，也跟設計師特別強調，沒想到有一天我們來監工的時候，看到大理石師傅來施工時，他已經做完一半了，看到他將「銀狐面放在檯面上」，我的頭上面冒出了三條火，一直不停的在冒煙，我跟他說銀狐面我們有千交代、萬交代，要施作在中島的側邊，沒想到師傅回我說「那有人把最美的圖案放在側邊，都是放檯面」，因為我們想將有圖案放在側邊是有我們的用意，於是立即打電話給設計師，設計師馬上跟大理石工廠聯絡，沒想到大理石工廠說我們沒有說過，導致師傅也沒有立即處理。

　　吉米當時要求設計師一定要幫我們重做這一個中島，中間僵持了三天在溝通，後來我們想一想，如果要再重做就會花掉我們入住的時間，於是我們就放棄了「堅持」。但是問題來了，中島雖然做好了，但我坐在中島的椅子上時，大腿皮膚碰到桌面底下，發現怎麼皮膚刺刺的，於是我彎下腰來看，這裡怎麼沒有做大理石貼皮而是木板，當下設計師跟我們說，這裡通常不會施作，因此，我們以為都是這樣於是也沒有太大的反應。

但是每次坐在這一個位子上，我都覺得大腿碰觸到沒有施作的木板，還是覺得很奇怪，我們還特別去看了很多廚具店，發現這個地方都有施作，因此到現在我還是不明白這裡為何不能施作？我想是不是我們當時挑選的大理石不夠用，所以無法做到這一個部分，到現在我還在想我是不是要再去挑一塊大理石，把它做好做滿，這樣坐在中島上的椅子時，皮膚才不會感到有刺痛感。

\ **設計師怎麼想!!** /

（1）設計方與業主方唯一相抗衡的點在於預算上的考量，預算足夠的情況下任何問題都能迎刃而解，但通常預算都是有限的，無論在設計上施工上或廠商理解上就容易產生誤會與磨合。此案的中島想置換天然的大理石，紋理相對自然且獨一無二，缺點就是每片大理石大板的花色走向及顏色差異極大，也非人為能控制其非線性的特質，在有預算限制的情況下，大理石加工廠一般是不提供挑花色及紋理走向的，但跟業主一直有著良好的溝通關係，我們首次幫業主爭取到至現場看大板樣的機會，若要指定一塊大板的切割與對花方式，勢必需要選購整塊大板，但損料及金額就會超出業主方的設定，安排施作前一定要讓業主明白整個來龍去脈，才不會產生不必要的誤解。

（2）一般檯面的下方都不會鋪貼表面材，在預算足夠的情況下業主方是可以要求加價施作的，商業空間與住宅空間不同，展間需要較高的工藝來呈現整套廚具的完整性，預算通常也是較為足夠的，因此一般的廚具展間於檯面下會做完整的包覆。

2 樓隔間工程

▲ 電梯端景。

二樓空間屋主偏好北歐的白淨感,因此既有的大理石表面材並不適合,延續一樓木質框景的元素,用以界定廚房與客廳空間。

After 隔間完工。

2 樓懸浮層架

▲ 鐵件吊架結構固定。

▲ 廚房電器櫃安裝。

事前預留電器櫃內需要的專用迴路是最重要的,增加的櫃體門片材質與顏色需與建商既有的廚具門片對色,才能將色差的問題降到最低。

After 完工。

廚房中島石材挑大板

◀ 中島石材挑大板。

梯間裝設蜂巢簾

◀樓梯間裝設
蜂巢簾。

091

溫馨兩人宅，
3 樓主臥、更衣間

　　3 樓前方是主臥，想要有點新美式風格但又不要太古典，有這種想法是之前我們去美國住飯店，房間感覺起來很優雅，加上木百葉的設計，讓我非常喜歡這樣的風格。而配色想要舒服一點，喜歡 Tiffany 綠的牆壁，但顏色又不想要太鮮豔，反而是低調 Tiffany 綠比較適合，希望進到房間不受到任何干擾，躺在床上就能馬上睡著。3 樓後方原本還有一間套房，我們希望與主臥打通，成為更衣間，有個中島、漂亮的化妝檯，可以拍照、拍穿搭等。

　　以前住的套房是有書桌、沙發、電視，幾乎所有生活大小事都是在同個空間裡，一直還沒意識到現在可以不用在同個空間做所有事情了，不過因為也有跟設計師提起，於是設計師就幫我們把書桌、沙發、電視等等規劃進去了。我很喜歡臥房到更衣間的長廊設計，很有視覺延伸感，這也是聽從設計師的建議將原本 3 樓兩間房間隔間打通後，才擁有這樣漂亮的設計，地板跟客廳所用的是一樣 meister 超耐磨木地板，理由就是寬、長、踏感好，看起來有大器感，不像傳統小木頭地板作為拼接。

How to Think?

　　此樓層空間原為兩間獨立的套房，因應業主的工作屬性需求，我們大膽提出將另一間小套房的衛浴空間打除，讓主臥與客房透過開放的過道空間串連起來，原本的過道空間因為寬度上是足夠的，我們設計上下櫃搭配氣氛小嵌燈營造出藝廊空間的氣息，讓原本封閉的兩個房間更顯寬敞，並將更衣間的精緻視覺端景及充足的自然光引進廊道及主臥空間。

　　臥房及更衣間使用嵌燈居多，燈的顏色是屬於比較溫和的顏色，晚上打開燈有點像打燈的感覺，整個裝潢都因為這些燈的關係，讓房間及臥房變得相當有質感，我常換完衣服之後就在長廊走秀，想像自己是超級名模，只能説這一間就是我的伸展台。

　　臥房的吊燈及檯燈是西班牙設計燈飾品牌 LZF Lamps 以切削成薄片的原木材質所製作而成的，相當有設計感，但是使用時要很小心，有時都很擔心不小心撞到薄片的原木材質會破裂，但這燈具讓很多人來我家參觀都會很喜歡，有很高的獨特性。我記得有一次睡到半夜要起床上廁所，結果頭暈跌倒撞到桌面上，LZF Lamps 檯燈掉在地上，吉米聽到聲音馬上打開燈，説發生什麼事？我説我跌倒了，吉米第一個動作是看檯燈木頭有沒有破掉，幸好沒破掉只是燈炮破掉，吉米看著檯燈沒事後才扶我起來……原來燈具太貴會讓人忽略人比較重要，不是檯燈，心裏很想給另一半打下去。

3 樓後方與主臥打通，成為更衣間，長廊設計就像自己的伸展台。

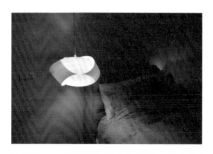

這種藝術品的燈要非常小心保護，若家裡有小孩使用上要更小心，因為這燈脆弱易破。

　　床的部分，我們去看了各式各樣牌子的床，也試躺了好幾個月，最後買下席夢思 Beautyrest Black 系列的 Natalie，尺寸是 King Size 的，睡起來很舒適，而且這一張床有一個好處是，另一半躺下去或是起床時，會沒有感覺有人起床的，能讓人一覺好眠；但缺點是早上賴床的時間變多，不知道這樣到底是好還是不好，但我覺得買 King Size 床有一個好處是，睡覺的時候雙手不會碰到對方，空間很大，轉身、睡大字型都不會影響到對方。

　　主臥內的窗簾選擇為 Norman 木百葉的鳳凰木原色，原本想說要選白色，跟更衣間一樣的顏色，但是我很喜歡之前去美國時住的飯店，房間也是選用同牌子及同色系的木百葉，結果裝上去之後，這一個顏色有點讓我意外相當耐看。

　　衛浴的裝潢沒有更動，也只裝上 Norman 的木百葉，整個感覺就也完全不一樣了，而且大家不要覺得木百葉不防水，因為 Norman 的木百葉可以選塑膠材質，但因為整個已經上色，根本看不出是塑膠還是木頭材質，是真的能防水，所以用在衛浴完全沒有問題。有一次鄰居來參觀我家，看到衛浴後就說你家的衛浴格局跟我家的一樣，為何你家看起來特別漂亮，後來才發現裝上 Norman 的木百葉，讓整個衛浴都變得漂亮，一度讓鄰居以驚訝到誤以為我們有更動衛浴的設計呢，我沒想到一個簡單的百葉窗居然有這麼大的效果。

1

床的好處是讓人一覺好眠，可是也多了賴床的缺點。

2

剛開始看時候當然沒有白色系好看，但裝在軟色調的房間裡，相對變成是款非常耐看的木百葉。

3

白天泡澡可以將木百葉調光，讓陽光進來，外面又看不到裡面，這是泡澡最大的享受。

更衣間的衣櫃本來想要做開放式的，有點像英式風格貼著木皮，一眼就能看出衣服放在哪裡，但是吉米非常不同意這樣的設計，他一直覺得櫃子一定要有門片蓋上，且因為我無法將衣服做分類，包括長袖、短袖、顏色來區分，做成開放式的一定要是很會整理家裡的人才適合，於是我就同意這一個想法，寧願衣櫃子裡面凌亂，衣櫃外看起來也要乾淨。雖然剛開始聽完吉米説的，覺得有些生氣，不然是怎樣，覺得我是都不會整理嗎？但後來想想我好像沒有資格説我要一個開放式的衣櫃，只能輕聲細語地説，「好吧，衣櫃應該要有門面……。」

1

　　衣櫃的線板是選用極簡風設計，中間的中島台是為了更衣間量身訂製，中島台不是固定式的，是有做輪子的，可以讓我們隨意移動及擺放，另外更衣間運用了不少鏡子來讓視覺感更為延伸，另一方面也可以當成穿衣鏡。

1　兩扇門片為整面落地的鏡子，臥房與更衣間的拉門拉上後也是一整面的落地鏡。

2　因為衣物需要除溼，設計上還增加了放除濕機的小空間。

2

3 樓廁所泥作打除工程

▲廁所泥作打除。

After 打除後完工。

3 樓櫃體工程

▲ 既有門片烤漆處理。

◀ 主臥木百葉。

◀ 主臥衣櫃。

After 主臥木作衣櫃完工。

邁向完工路，4 樓客房

　　我們常去日本玩，很喜歡日本和室房間的那種感覺，所以在自己家裡弄間日本風格的房間，當然買了新家就要把這個夢想給實現，不過雖然我很喜歡日式風格的和室，但還是覺得傳統的和室有點太古早，真的完全原汁原味的話，會有住在古蹟裡的那種感覺，所以我的想法是「打造一個現代感的日式房間」，但一些日式的元素當然是少不了，像是榻榻米、障子門等等，看了許多雜誌、網站，最後終於選定了相關產品，於是我們 4 樓後面的房間大變身了。

　　地板是特別挑了比較現代感一點的榻榻米，這款是 MIGUSA 美草所推出可以分片購置，底部整片都是止滑層，所以直接放到地上就不會動了，不用怕滑來滑去；美草榻榻米上的紋路看起來多了不少摩登時尚感，而且沒有傳統榻榻米那種很粗的邊框；跟傳統塌塌米一樣是編織出來的，但用的材質是環保材質，主要優點就是不會褪色、容易清潔、高彈性、不會龜裂、抗黴菌、零甲醛，所以家裡有小朋友的更是適合使用，不像傳統榻榻米很怕水，而且顏色更是豐富，另外也比天然的材質耐久不易損壞。

　　不用特別的施工方式，直接放到地上就可以，長跟寬是固定的 83x83 公分，要事先量好，所以這個榻榻米跟無印良品的床一擺上去居然很相配，不多也不少，只能說真的是絕配啊。美草榻榻米的紋路是能交錯擺放，也可以順著線條擺放，我一直覺得無印良品的多功能組合層架的木格子框，搭配白牆就像是日本傳統的障子 (Shoji) 窗，榻榻米跟障子的兩個元素都有，符合我們的需求。

地板厚度不是很厚，是 1.6 公分，而且邊角有些許弧度不是直角，直接擺在地上也不會感覺太厚，這樣就不用特別要去收邊之類的。

　　選用無印良品的橡木組合床台的好處就是有很多可以用在榻榻米房間裡，但是更符合現代人使用的設計。像我們是只有鋪九片榻榻米，所以這床就有裝床腳，若是鋪整間榻榻米的話，這床腳就可以不用裝，這樣就可以直接整個床台不裝床腳平放在榻榻米上。而且平放在榻榻米上的時候，這床台還是可以調整支撐度的，床台的木條都是弓形往上拱，中間的黑色帶子就是用來調整軟硬支撐度，黑色帶子往外就會比較軟，黑色帶子往內就會比較硬，前方的床頭板部分也可以不買或是自己拆掉，然後再放上彈簧床墊，這樣沒有床腳放到榻榻米上，就會跟接近跟傳統榻榻米上的床一樣低，但不會像傳統的床那麼硬，還能保有睡彈簧床的感覺。

　　窗簾部分是選擇有點日本和紙感的調光捲簾，有點線條不會像和紙那樣傳統，但又能有日式的感覺，而且還能調光。最後再另外四樓前面的房間則是佈置成法式的雜貨風格，平常我們就是在這裡拍照，當成工作室使用。

4 樓因為預算問題，沒有特別讓設計師進行設計，畢竟裝潢是循序漸進地增加，所以這樓採用ＤＩＹ自行軟裝佈置，根據想要風格，選定相關產品後，用創意巧思讓居家空間完整度更高了。

房間合併兩張單人床而成的 200X200 雙人床，也可以直接分開變成兩張獨立的床。

希望打造一個現代感的日式房間，像是榻榻米、障子門等等，最後選定相關產品後，就將 4 樓後面房間大變身了。

PART 3

品味精選，
我不勸敗只勸買 CP 值高的好東西

——

慎挑精選，
我的客廳設備

4K 智能電視怎麼選，
我的使用心得

LG 韓國企業主要以電子、家電領域為主，家電類的商品一直很受我們喜愛，做出來的家電一直都賣得很好，使用上也很人性化，當時要選購電視的時我們就想選一個有品質、歷史悠久的企業，最後看了很多人買 LG 電視的評價都很好，於是 LG 電視變成是我們的第一選擇。不過在之前，我們已經有買一台 55 寸的電視放在客廳，後來發現我家電視離沙

PHOTO ／75 寸 4K UHD 智慧連網 TV 電視來到我們家的時候，放在清水模牆前相當好搭。（型號：75UH655T）

發的距離有點遠，55 寸看起來真的太小。於是我們去看了 LG 的電視，發現 75 寸 4K 電視的價格是 NT7 萬多，跟同尺寸其他品牌的價格相比，便宜了許多，而且外觀也很簡約，有窄邊框和俐落的現代線條，更添空間精緻設計美感，於是我們就決定買了 LG75 寸 4K 電視。

選擇

我最喜歡這台電視的原因是，除了有滑鼠游標及語音搜尋的功能，這對於我要上網收尋找影片，操作變得簡單及快速，連老人家及小孩也會用電視快速上網找到想要看的影片。

75 寸 4K UHD 四核心處理器的大電視，有直下式 LED 背光技術，能準確反映細微的色彩差異，呈現銳利、豐富及逼真色彩，另外快速精準的處理器，能消除噪點並創造生動的色彩和對比度，低解析度影像經處理後可重現更接近 4K 畫質的影像。挑選側面看起來不會很厚、有質感的電視邊框，擺在家就能讓整個裝潢加分。

遙控器有語音收尋功能，加上滑鼠游標，能輕鬆上網看電視。

1 電視設計的相當人性化，遙控器上還有Netflix的功能鍵，平時我就有買Netflix來看電影，所以一個鍵可以快速進入選擇畫面讓我覺得使用上更方便，另外常用的頻道，例如：YouTube、KKTV、愛奇藝，都可以直接儲存在常看的主頁裡，只要想看什麼，點選主按鍵用滑鼠游標點進去就能看了，如果看到有4K影片可以感受到色彩及畫質相當漂亮，現場看就如身歷其境。

主按鍵用滑鼠游標就能讓使用者快速搜尋到頻道。

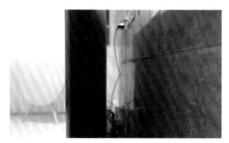

LG75 寸 4K 電視是 ULTRA Slim 纖薄機身，看起來不會很厚，邊框是黑灰色的，放在清水模牆的前面非常搭配。

2 現在時代跟以前不一樣，以前若想要看動物長怎樣，可能要看百科圖鑑，很多是用畫的或是畫質不清晰，重點是也不會動啊，但現在用4K 電視來看，根本比去動物園看還要更近距離，4K 畫質連動物身上的毛都看的清清楚楚，而且看的還是野生動物，說真的我不愛去動物園看，看到動物們都被關起來實在有點不忍心，雖然實際體驗是很好的教材，但是我們家小姪女就很愛看動物頻道，感覺就像在野生動物旁跟牠生活著，還會去找一些國外風景影片，自己在當地開車旅遊，因為真的就像自己在現場。

畫質反映最細微的色彩差異，呈現銳利、豐富且逼真的視覺感，再透過電視內建的喇叭，讓看電視也能身歷其境。

結論

　　整體來説真的是大電視大滿意啊！現在 75 寸的價格也很可愛與親民，這台當時買約 NT7 萬元，跟其他品牌同規格電視相比，便宜許多，不只畫質好、品質及耐用度也讓人覺得划算。

家裡有一台 75 寸的電視，看電視時眼睛變得較輕鬆，
也不費力，重點價格便宜又合理。

慎挑精選，
我的客廳設備

家庭劇院怎麼選，
聽起來聲音就要柔順順耳

現在家中電視已經升級到 75 寸，看起來很舒坦，不過還是
感覺少了什麼？原來是畫質及尺寸有升級的感覺，雖然電
視的音質還不錯，但是如果只想要聽個音樂，就好像還少
了一組音響。客廳是極簡的北歐風格，所以音響上也選擇極
簡、美觀白色系列才能呼應北歐風的裝潢。我們一直很喜歡
B&O 的音響，但是看到 B&O 的音響價格一直都很貴，直
到接觸了 B&O A9 家用音響，讓人為之驚艷。

選　擇

　　這一台的設計師是 Oivind Alexander Slaatto，畢業於丹麥皇家音樂學院，他喜歡簡潔與優雅的線條，於是 B&O 跟他合作設計的 A9 揚聲器，便讓我注意好久，也因為這台相當美，擺在家就像個藝術品，讓我對它更是愛不釋手。重量含原木腳架：約 14.7 公斤、站立尺寸：70.1cm（直徑）×90.8cm（高度）×41.5cm（深度），不論從任何一個角度欣賞都會注意到它，每個朋友來我家都會詢問這款音響。

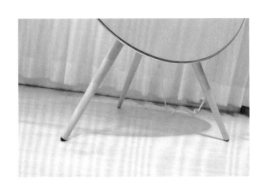

三腳架是我也很喜歡的一部分，木頭配上圓形白色系，能增添家裡的北歐風氣質。

音響前面仔細看是一塊薄薄的布，一絲不苟的細節搭襯優美音質。

1 控制面板做在音響的背部，是採觸控功能。手掌於頂部左右滑動就能調整音量大小，而放置於頂部約 5 秒左右能啟動靜音功能；手掌輕點右側可播放下一首，輕點左側可播放上一首，手掌在頂部中心點擊可啟動上次播放音樂。另外支援 wifi 及藍牙，因此用手機控制就能聽好聽的音樂。

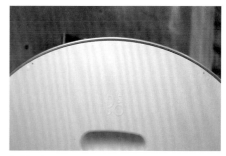

控制面板在機身的背面，觸碰就能調整音量大小，配合 wifi 及藍牙功能，讓聽音樂變簡單了。

2 在音質部分完全不用思考，絕對是好聽的音質且聽久了不會膩耳，因為採用強大的揚聲器及放大器，聽起來的聲音純淨、清澈，讓人聽一整天的音樂也不會感覺吵雜，喇叭的背面設計也很簡潔，低調有質感與北歐風裝潢很是合搭。

背面設計很簡單，除了一個電線外，整體感覺看起來都很美。

結　論

　　這台音響對我來説是一件藝術品，擺在任何角落都能突顯它的氣質，簡約設計的概念符合北歐風格，加上音質聽起來是有臨場感，但又不會吵雜，對我來説好的音響只要聽個 30 分鐘就可以見真曉，如果聽起來聲音柔順、順耳，又可以一直聽下去就是好的音響。不過這也跟聽的音樂及擺放音響的位置有關聯，這一台很適合放在角落的位置，並能依據不同安裝位置選擇相對聲音優化模式，坐在舒適的椅子上，使用遙控器或是手機，以無線的方式選取歌曲調整音量，真的是很棒的享受。

根據客廳風格，巧妙選用合適的音響，即使放在角落也能突顯整體氛圍。

POINT 2

家有好食，
我的廚房設備

讓居家烤箱
就能烤出超美的烤雞

我們很羨慕在電影還是居家裝潢雜誌看到的那種歐美廚房，有著嵌入式大烤箱，可以烤出超美的烤雞，所以就覺得這輩子家裡一定要擁有那樣的大烤箱，嵌入式烤箱到底要買哪種好呢？一直以來我就很喜歡BOSCH 這個品牌，德國血統讓人感覺品質值得信賴，也去看了不少不同品牌烤箱，最後覺得還是 BOSCH 的好，因此百貨公司周年慶的時候，就訂了一台。

　PHOTO／60X60 的嵌入式烤箱就像廚房中的一部分，完全不占空間。

選擇

　　我們在裝潢前，就如火如荼去看家電，電器都是在裝潢前就先行購買，BOSCH8 系列烤箱是 220V 的電壓，裝潢時需要請水電師傅另外牽專線，以便安裝後才能使用，另外，電器櫃的大小及高度都要先給設計師，烤箱在廚房的空間才會不突兀，全嵌入式烤箱和半嵌入式烤箱，差別在於控制面板整個是隱藏的，我喜歡面版是在烤箱外面，因此我們裝的是半嵌入式烤箱，唯一比較麻煩的是，廚具要跟烤箱融合在一體，上下方的廚具門片就要另外做。

　　很多人來我家都會問我，怎麼買了兩台一模一樣的烤箱？其實左邊是烤箱（HBG656BS1）、右邊是蒸烤爐（HSG656XS1），原本舊款的烤箱跟蒸烤爐是長不一樣的，蒸烤爐高度比較小，因此當時為了對稱還多買了暖盤機，直到家裡都在裝潢還來不及裝置烤箱，BOSCH 就全面更換成新款 8 系列後，兩台造型就長得一模一樣了，但是當時已經事先買舊款，新款的價格都變得比較貴，但是為了一致性，後來直接加價把烤箱直接升級成新的 8 系列。

烤箱可分為半嵌入式以及全嵌入式，安裝前要請水電師傅預留線路或另外牽專線。

1
烤箱 (HBG656BS1) 壁面是有特殊塗層的,這款是「易潔搪瓷無煙煤」,有 EcoClean Direct 自清功能,烤箱在使用後,內壁的陶瓷分子特殊塗層會同步吸附油垢、污漬,將烤箱加熱至一定溫度時,這些油脂就會自己分解,而且會同步進行壁面自我清潔。

由於烤箱內壁有特殊塗層,不易沾黏油漬,清理上很方便。

2
使用介面是觸控液晶螢幕,可以挑選各國語言,而加熱模式有非常多種,例如:4D 熱風、上下火、熱風燒烤、全面雞燒烤、集中燒烤、薄餅、下火、慢煮、解凍、暖碟、保溫。溫度最高可以設定到 300 度,還可以定時,圓形的地方是飛梭旋鈕,像是設定溫度及時間的時候就是轉動這中間轉盤。

上/中間圓形的飛梭旋鈕,是烤箱的定時器,轉動這中間轉盤就能設定溫度及時間。

下/烤箱內的燈光可以很清楚的照明到食物上,烤的狀況如何都能一清二楚。

3
很多人都問說這烤箱使用起來會不會燙、從哪裡散熱?我也是用了才知道,來為大家解答一下,使用時機器不會燙、玻璃也不會燙,散熱是從上面不銹鋼面板跟玻璃門最頂端那一整條洞口吹出來,是有點溫溫的風。

由於是從上方散熱,使用時機器不會燙、玻璃也不會有過熱的問題。

結論

　　整體來説我很滿意我們家的 BOSCH 8 系列烤箱，外型漂亮，擺在廚房看到心情就很好。而且 60×60 的尺寸體積很大，直接將鑄鐵烤盤、鑄鐵鍋放進去也沒問題，很適合用來烤全雞、烤 PIZZA。

由於體積大，直接將鑄鐵烤盤、鑄鐵鍋放進去也沒問題。

POINT 2

家有好食，
我的廚房設備

全功能蒸烤爐，
簡單完成做菜任務

我使用 BOSCH 蒸烤爐也有一段時間了，記得之前在裝潢時
朋友就一直推薦我一定要買 BOSCH 蒸烤爐，她說真的很方
便，一次可以煮很多道菜，也不用去顧它就會熟了，所以要
買之前我也參考過很多品牌，後來真的太多人推薦這一台蒸
烤爐，於是我在裝潢前就買了一系列的產品，包含蒸烤爐、
烤箱及洗碗機，後來出新款，還是買了蒸烤爐及烤箱這兩台。

PHOTO ／我是一個喜歡簡單做菜的人，也不喜歡廚房整個都是油煙味，全功能的蒸烤爐，
蒸、烤、烘培通通能一次搞定。

選 擇

　　大家可能會問我，蒸烤爐與烤箱的功能都有烤的功能？其實我也不想買兩台，但之前就已經先買好舊款的，且舊款的功能又是不一樣的，後來家裡設計時也已經空出兩格的位置，因此最後為了美觀及裝潢的一致性還是更換新款的。另外有人常問我說兩台都有烤箱功能，到底差在哪裡？簡單的說「蒸烤爐」的烤箱功能最高溫度是 250 度，「一般烤箱」則是 300 度，因此若要做個麵包或是烤雞，其實只要買一台就夠了。但是如果只有一台預算的錢，我建議還是買這一台 BOSCH 蒸烤爐（HSG656XS1），因為它已經是全功能的，包含蒸、烤、烘培感應器及三點食物探針，因此一般家庭有這一台就很夠用。

建議要買機器前要先將空間設備都設定好，因為這些機器需要一條獨立 220V 的電壓，否則很容易跳電，購買前專櫃人員都會先說明並請你注意。

1 用蒸烤爐做菜真的很簡單,其實也不用太拘束一定要放哪一層,像我做的這幾道菜,蒸的模式都固定設定 100 度的模式,只要記得越難熟的放越下面,越快熟的越上面,一次把好幾道菜一起放進去,設定個 30 分鐘,菜熟了就把他先拿出來,一道一道慢慢取出,所以做菜超方便也可以很優雅。另外要打開時一定要小心蒸氣,不要臉面對著蒸烤爐,不然會傷到自己的臉喔。

烤箱跟蒸烤爐都有附贈隔熱手套、烘焙石配件、木砧板,蒸烤爐還支援使用三點式探針,烘焙石類似於烤盤層架的功能,使用時需詳讀包裝上的說明,注意安全。

2 蒸烤爐裡面會有三層,分別是蒸烤(溫度是 30 ～ 100 度)、烘烤(溫度 30 ～ 250 度)、烘烤＋蒸煮(30 ～ 250 度)。其中蒸烤設定有四種模式:獨立蒸烤烹飪、重新加熱、麵團發酵、解凍。烘烤有 15 種模式設定:4D 熱風、環保式熱風、上下火、環保式上火下火、熱風燒烤、燒烤全面積、燒烤集中、薄餅設定、下火、密集加熱、慢煮、安息日設定、暖碟、保溫、脫水。添加蒸氣烘烤有四種模式搭配三種增氣強度:4D熱風、上下火、熱風燒烤、保溫。大家可依據自己的需求設定。

一次把好幾道菜一起放進去,設定個 30 分鐘,菜熟了就把他先拿出來,做菜超方便。

結　論

　　使用這種機器上大家一定會覺得清潔應該很困難，其實不會，因為有自動清潔功能，每次煮完按清潔模式就可以了，最後再將水氣擦乾即可。

貼心的清潔模式，讓內爐清潔一點也不麻煩。

家有好食，
我的廚房設備

進廚房一定要有，
為什麼洗碗機必買？

我家原本沒有設定要買洗碗機，但有一天我切菜時不小心切到手，於是
當晚我請吉米幫忙洗碗，原本想說他會拒絕，沒想到他居然答應我，洗
了結婚後第一次的碗，後來他一邊洗碗，一邊碎碎念說：「人生為何要
浪費時間在洗碗上？在洗碗的過程可以去做好多事……」，於是吉米就

霸氣的跟我說，明天去買「洗碗機」，我還以為聽錯了，還問了一次「洗碗機」？他說對！於是我家就有了這一台洗碗機，早知道我應該請他早點洗碗的，未來大家如果不想洗碗，就讓老公們洗個幾次，他們或許就立刻買洗碗機送給老婆們了。

我家吉米使用 BOSCH 洗碗機過後，立即跟我說他超級後悔的……因為「後悔太晚買」，怎麼有這麼好用的東西呢？（我心裡大笑），因為連我自己用了都覺得超好用，而且想到未來不用再洗碗了，心情就覺得愉悅。煮菜完的鍋子、鑄鐵鍋、碗筷、切菜版、玻璃杯通通都下去洗，而且洗碗機的高溫洗碗功能，也讓我讚嘆不已，不但可以消毒，洗完的碗也很乾淨，我自己使用後給洗碗機很高的評價，真心認為什麼家電都可以不用買，但是洗碗機一定要買，真的太好用了，省了我好多時間在洗碗、擦碗的時間。

之前在看洗碗機的時候，網路傳言不少，像是洗完碗筷不會乾還要自己擦乾、鑄鐵鍋不能洗之類，結果還是要自己用過才知道，用完直接歸納幾項心得在下面跟大家分享，只能說「洗碗機必買」。

（1）比自己手洗還乾淨，設定高溫模式還能殺菌，洗完都是乾的，而且溫溫熱熱。
（2）玻璃器皿洗完很光亮都不用擦水漬，可以直接歸位，超級方便。
（3）鑄鐵鍋也能放進去洗，用久底部白白的原本洗不掉，用洗碗機都能洗掉，還不需養鍋。
（4）保鮮盒、刀子、抽油煙機油網也都能放進去洗。
（5）時間節省很多，吃完飯就可以去休閒休息了。

　　真心覺得洗碗機「必買」，除了能將碗洗乾淨還省了不少時間，假設裝潢時沒有預算，我建議一定要先預留洗碗機的位置，若沒預留的話，未來只能買獨立式的洗碗機，但這樣可能會距離流理台有一段距離，動線不順使用起來會很不方便。因為洗碗機放置的位置需考量動線，最好放在流理台附近，洗完後的餐具約一步的距離、或轉個身能方便將碗筷歸位是最好的。但萬一沒預留位置就要煩惱了，你可能要拿個籃子裝餐具走到洗碗機的地方，然後洗完取出放到籃子裡，然後搬回來再將餐具歸位！

　　我們買的是的是半嵌入式的洗碗機，上方是控制面板，下面銀色的凹潮是能讓自己設計門片的顏色，因此這片門片，我們直接跟廚具廠商訂製跟廚具一模一樣材質的白色門片，所以整個廚房看起來就很有一制性，全嵌入式的話就是控制面板整個是隱藏的，從外面看就會都是廚具門片，雖然洗碗機的機型很多種，但還是要依據個人喜好購買。

裝潢時要預留洗碗機的位置，最好不要離流理台太遠，動線也是考量的一個大重點。

重點

1　這台有沸石烘乾系統的，因此門上有 Zeolith 沸石字樣。洗碗機內部總共有三層，最上面是放筷子、湯匙、刀具等這類體積較小的地方，中間則可以放杯子、碗、盤，最下層則可以放鍋子、抽油煙機油網等體積較大的東西。籃子上有很多活動立架可以讓我們把鍋碗瓢盆開口朝下放置，水柱就是從下方鐮刀狀的水柱沖洗器小孔往上沖洗，而且它會一直旋轉。

洗碗機內部層架共有三層，能依餐具大小彈性擺放。

2　最底層也有一個水柱沖洗器，很多人都說機器洗碗比手洗耗費水，不過還是要看實際數據最準，像這台用的是 ActiveWater 水動能技術，水柱沖洗能讓少量的水發揮強大的洗提力量，比起一般手沖洗，消耗的水量少了不少。另外沸石烘乾系統，沸石是天然礦物質，可以吸收濕氣並釋放熱能，達到烘乾效果，而且沸石不是耗材，每次都能活化再生持續使用，不用添加或更換。

這是 BOSCH 洗碗機特有的沸石烘乾系統。

ActiveWater 水動能技術將水力充分發揮，而且相當省水。

3 洗碗機使用模式很多種，我一般是使用 AUTO 65～75 度的清洗模式，因為高溫清洗不只比手洗還乾淨，而且還可以順便消毒殺菌，這模式一般是要使用約3小時的清洗時間。如果碗盤不多我建議可以先不用洗，然後先按「預沖洗」，這時候裡面的碗盤會用水先沖乾淨一次，這樣的好處是碗盤不會發臭，等碗盤收集到晚上，就可以直接按「清洗」，隔天起床後再將碗盤歸位就行了。另外很多人都說洗碗機會有反潮的現象，碗筷不會乾，其實我用了這一台洗碗機這麼久，從來沒有這種現象，洗完碗後的碗盤都是很乾燥的，唯一會有水漬殘留就是在碗後面的凹槽會積水，但這跟放進去洗碗機時的擺放的位子有關，如果沒有斜放碗後面的凹槽會積水一定會積水，這和洗碗機無關，是跟使用時擺放的位置有關。

來看看洗完的樣子，以前玻璃器皿若是手洗洗完自然放乾，都還會有很多水漬，因此就會花很多時間在擦玻璃杯，要不然若是親友來家裡作客，給他全是水漬的玻璃杯真的很不禮貌。用衛生紙擦會有很多小屑屑，因此只能用布擦，超麻煩跟困擾，但現在用洗碗機洗完真是ㄅ亮，完全不用再擦。

有很多的模式可依生活作息控制時間。

結論

　　值得注意的是，洗碗機也能洗各種不鏽鋼材質鍋具、抽油煙機油網、鑄鐵鍋等，特別是各類油網，建議不要太久才洗一次，因為抽油煙機油網上的油都很厚很黏稠，常洗會比較好洗，反正是機器洗不是我們自己洗，不用擔心啦。

　　整體來說我覺得洗碗機真的是必買，用了這段時間後「逢人必推洗碗機」，覺得怎麼有這麼好用的東西，幸福感破表。

抽油煙機油網上的油都很厚很黏稠，經常清潔才不會卡垢難清。

POINT 2

家有好食，
我的廚房設備

一台安靜且有溫控的好冰箱，
創作人必備

我們夫妻之前都在醫院工作了十多年，在醫院許多部門，包含醫療及研究單位，對於冷藏的要求可說是非常嚴苛的，溫度變化必須非常小，而且還有許多不同溫度的需求，因此冷藏及冷凍的品質要求就非常的高，另外也因為廚房廚具是白色系列的關係，需要有延展性，希望冰箱大小能配合廚具設計，且最好是白色的讓整體性看起來統一。

購買的時候，原本想要買三菱的冰箱，三菱的冰箱好處是各各都是獨立個體，若有異味整個冰箱也不會互相影響，但考量三菱的冰箱沒有白色系列，且大小也不符合我們裝潢的空間。最後選了 HITACHI 的冰箱，大容量 676L，一級省電的白色系冰箱。因此在裝潢時我們就先將規格給設計師，請他幫我們預留剛好的空間，不要冰箱擺進去還能看到很大的縫隙，因此冰箱櫃真的是為了這一台冰箱量身訂製的。

選擇

　　冰箱的高、深、寬是 1818X728x825mm，讓我覺得厲害的是，這一台的散熱空間左右只要 5mm，上方是 50mm，後方是 0mm，也就是說這一台冰箱放我家預留的冰箱櫃裡面，可以整個推到底並不會影響到散熱。另外我最喜歡的部分還有首創 Ru 白金真空睡眠冰溫室，±1 度溫度選擇不結凍封存的真空空間，我每次將水果放進去這裡，保鮮度至少多了 1～2 星期，下面還有自動製冰機，冷凍三段式、大容量收納，這對一家人來說真的很方便實用。

　　我們選擇這台冰箱的外型是極簡設計，把手都是隱藏式，加上鏡面設計，可以輕易融入家中裝潢風格，相當高雅時尚。這款冰箱總共有四層，最上方是冷藏室、第二層是有製冰機和一個小容量冷凍空間、第三層為大容量分層設計的冷藏室，通常會放很多的蔬果食物，第四層則是一個大容量的冷凍櫃，真的很實用。

冰箱不僅空間超大，也能讓食材好放好拿。

功能按鈕是觸控設計,有節能模式及冷凍、冷藏、製冰、蔬果式牆及真空模式,每個模式都可以自己設定溫度的強、中、弱。像我們常常出國,一趟短則 5 天、長則快 1 個月,這時按下節能模式按鈕,就會啟動最佳節能運算,若要冰存肉類或海鮮的時候,就可以將冷凍溫度加強,連真空睡眠冰溫室都還能調整 ±1℃,回國的時候水果還在保鮮功能,沒有壞掉。

　　整體來說我覺得這台冰箱,有日式品牌品質的優點,而且外型白色時尚高雅有質感,可以融入裝潢風格、突顯品味,雖然價格高達十幾萬,但 CP 值非常高,冰箱用到現在也已經有兩年多,每天我們都是坐在冰箱前面的大木桌打電腦,到了夜深人靜的時候,發現這一台冰箱居然沒有壓縮機的聲音,這對於我們需要創作的人來說,真的是台又好用又安靜的冰箱。

全觸控的設計不易卡污垢，也讓整體更俐落精緻。

冰箱有四層，兩層冷藏，兩層冷凍，很夠用。

超大冷凍、冷藏空間，能裝載各種食物，以備不時之需。

家有好食，
我的廚房設備

家中有台控制熱度、
隨時取用的飲水機該多好

我們平常有喝英式紅茶的習慣，但若是把水煮開就要等到冷卻 80 度左右才是最合適的泡茶的溫度，若不想等就需要熱水跟冷水混和，但這樣溫度又不好控制而且很麻煩，另外我們也喝手沖咖啡、刷抹茶甚至愛上烹飪還要揉麵團，或是未來有小孩需要沖泡奶粉，這些需要的水溫全都是不同的，所以我一直在想說若能有一個水龍頭，想要水溫幾度就幾度、想要多少水量就多少水量，這樣該有多好，研究了許久，發現還真的有這樣的飲水機。

選 擇

　　VOCA TX1 渦流瞬熱飲水機體積非常小，所有的設備就都在廚下，檯面上就只有一個不銹鋼水龍頭，想要幾度就幾度、想要多少水量就多少水量，真的是可以讓檯面上的空間全部可以利用，TX1 本身可以 180 度轉動，裝在水槽的邊角，這樣水槽裡跟檯面上就都可以使用，就不用手拿著容器在水槽裡接水讓手很酸了。

　　水龍頭材質是 304 不銹鋼，包覆著鐵氟龍材質的水管，所以就算出熱水，水龍頭本身也不會燙。外型也非常漂亮有質感，不會跟裝潢格格不入很突兀。

VOCA TX1 渦流瞬熱飲水機體積非常小，有專用的水龍頭。

1 這台使用的是 220V 的電壓，所以師傅會先評估並裝設好電壓 220V 的插座，若是家裡只有 110V 的話可以選擇同廠牌的另一款 CX1。

專業師傅會先進行評估，再協助安裝。

2 第一層是廚上的部份，可以看到非常漂亮且簡潔的水龍頭本體，第二層是廚下的部分，有過濾器及渦流瞬間將水加熱的主機。

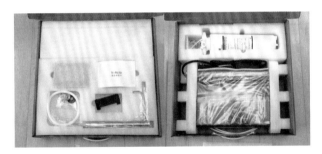

廚上部份的零件，還有簡潔的水龍頭本體（左），以及廚下的安裝零件。

3 師傅安裝過程其實很快，原本我家水槽下本來就有一個空間，因此安裝過程大約只有 30 分鐘的時間，師傅先將濾芯安裝及機器安裝好，然後把好並插上電源就大功告成囉。濾心是 3M 的活性碳淨水濾芯，這款屬於生飲型濾芯，過濾後的水是可以生飲的，符合 NSF42、NSF53 之測試標準，可以有效濾除鉛、囊孢菌、餘氯及異味、沉澱物，可以過濾 5678 升的水量，師傅說這一般家庭的用水量可以使用大約一年半至兩年。

生飲型濾芯符合 NSF42、NSF53 之測試標準，過濾後的水是可以生飲的。

4 接著師傅會開始進行校正，並測試調整各種不同的溫度是否正常，師傅還會詳細的介紹遙控器的使用方式，這 TX1 水龍頭上沒有任何開關喔，全部都要用這遙控器來控制，所以若不會使這遙控器，就有可能會沒水喝因為打不開喔，上方已經有 3 組常用水溫設定，分別是 60 度泡牛奶、85 度泡茶泡咖啡、95 度開水，右方量杯圖案就是可以設定出水量要多少毫升，若不設定的話就是會一直出水不停止，上方的數字按鈕除了可以當數字鍵設定外，另外也可以儲存十組記憶，真的是非常夠用了。

飲水機全部都要用這無線遙控器來控制。

結論

這台渦流瞬熱飲水機，從此不需要煮水壺、保溫瓶。

有了這台，我家的廚房檯面少買了很多不必要的家電，感覺清爽乾淨很多。整體來說我對這台飲水機真的很滿意，讓我可以隨時隨地沖泡各式各樣需要不同水溫的飲品、能做料理、揉麵團。家裡有長輩或是小孩需要常常沖泡牛奶的真的是必備，若怕這樣無線的機種太過高科技（我個人是覺得還好），還有另一款 CX1 的機型，按鈕就直接在水龍頭上，常溫、溫水、熱水三段式水溫三個圖示按鈕非常直覺，這樣就不用怕長輩不會用。

家有好食，
我的廚房設備

電熱水壺
讓在家天天來場時尚下午茶

我從以前就很喜歡 SMEG 的家電，感覺超美的，在許多電影或是居家裝潢雜誌裡常常可以看到他們的身影，甚至許多主打設計感的潮店或旅店，也都會放些 SMEG 的家電來畫龍點睛一下，比如烤麵包機、電熱水壺、攪拌機或者是復古冰箱等等，放一個後真的是感覺都不一樣了呢。雖然說去像是紐約咖啡館等等來個下午茶很不錯，不過那個價格也只能偶一為之，而且說真的吃起來好像也沒好吃到哪？還不如在家擺台 SMEG 的烤麵包機還有電熱水壺，來幾片烤麵包還有一杯好茶，在家天天都能來場時尚下午茶。

SMEG 電熱水壺光是外觀就很吸引我，可能很多人又會說，電熱水壺不過就是把水煮開而已，喝起來有差很多嗎？但喝下午茶時有一個漂亮的器具，喝起來看起來也優雅，若用這電熱水壺外觀很美，還有多種烤漆顏色可選，電熱水壺的容量是 1.7 公升，有水量顯示板，下方圓形按鈕是開關，100 度水燒開會自動跳開關閉，出水口內附有可拆可洗的不鏽鋼水垢濾網片，可以將水垢隔離過濾。

外型討喜的 SMEG 電熱水壺，有多種烤漆顏色可挑選。

電熱水壺內部整個是不銹鋼好清洗,而且我想購買廚房家電,除了實用、外觀外,安全才是每一位消費者最重視的。電熱水壺非常貼心的附有多項安全斷電系統:

(1)自動安全斷電系統,一旦偵測到壺內無水,電源立即斷電。
(2)沸騰自動斷電功能,100 度水燒開自動停止加熱。

容量是 1.7 公升,100 度水燒開會自動跳開關閉,十分安全。

漸進式安全壺蓋,按壓壺蓋上的按鈕,蓋子會緩緩彈開,有那種油壓的感覺,壺嘴內的不鏽鋼水垢濾網片可拆可洗,可以將水垢隔離過濾。

底座是銀色亮面很有質感,而且可以 360 度旋轉,另外內建式集線器,電線不雜亂,可直接收在底盤下方。

結論

　　我之前一直沒有購買的原因其實就是台灣之前一直沒有正式代理商，有家廠商也只有代理 SMEG 冰箱的樣子，沒看到這幾款小家電，這類家電我實在不敢買水貨，因為之後維修會變孤兒，根本影響使用心情，產品再漂亮都沒用。直到近年總算有正式代理進口，購買起來有保障多了，「電器類商品」購買平行輸入的水貨其實有一定的風險，首先就是電壓不同，也沒有經過政府單位檢測核可，而且這類商品用上個 5 ～ 10 年以上其實都是沒問題的，建議買代理商公司貨，事後要維修時才不會變孤兒。另外這類產品一般我都會在百貨公司周年慶時一次集中火力購齊，一方面可以累積百貨公司的「買萬送千」外，也都能實際體驗操作。

如果想為廚房佈置一下，使用 SMEG 毫不遜色的產品效能與質感，重點是擺在家中，不只好看，還能天天來個時尚下午茶。

家有好食，
我的廚房設備

好的義式咖啡機，
讓生活品質大提升

我想很多人也跟我們一樣，會發現台灣人生活真的是緊湊又
忙碌，沒辦法像歐洲人一樣悠閒地在咖啡館好好的喝杯義式
咖啡，畢竟我們可能連到咖啡館買咖啡的時間都沒有，結果
往往只能屈就於現實，想喝咖啡只能隨便打發，這樣感覺生
活品質很差，因此也希望平時在家時，也可以享受喝到一杯
非常好喝的咖啡。

選擇

　　這台咖啡機可説是我家吉米的最愛,因為吉米是咖啡控,很喜愛 Espresso,在還沒購買新家前,吉米一直幻想跟我説,未來家裡要像是咖啡館一樣,有著一台看起來超威的咖啡機,喝起來跟在咖啡館裡喝到的要一模一樣,因此買了新家後,就一直在看咖啡機,要高顏值、外型跟咖啡館用的差不多、有那種沖煮頭把手且能自己填壓。看了許許多多的機種,最中意的就是這台「Breville BES920XL」,這台機身是不銹鋼材質,放在居家空間中也是非常漂亮的擺飾,一早起來看到它,心情都變很好。而且還能打奶泡,練練拉花,我們倆現在天天在家都像是在咖啡館約會,誰説結婚是愛情的墳墓,就看怎麼經營,這台買來到現在也快三年了,滿意度破表。

這台機器是半自動的咖啡機,從摩豆、填壓、煮咖啡都跟咖啡館的動作是一樣的。

1 若是有使用沖煮頭支撐架，就可以直接將沖煮頭這樣放著，不用一直用手拿，不會手很酸，而且可以設定秒數自動出粉，也可隨按即停。

直接將沖煮頭往內頂就啟動出粉，再往內頂一次就停止出粉。

2 出粉時期時都是集中落在中央，所以不要太滿的話也不會掉的到處都是，我一般會分次，先稍微這樣有點錐狀，然後先暫停稍微弄平，就可開始做咖啡粉填壓的動作。然後用填壓器平均壓實，這個壓的力道、平整跟煮出來的咖啡好不好喝有很大的關係，我也是練習了好久才學會。

壓完會非常平整，接著將沖煮把手裝上咖啡機，就可以開始準備煮咖啡了。

3 Espresso 義式濃縮咖啡是通過高熱、高壓的水強行通過極細研磨的咖啡粉製作而成，因為高壓，因此極細研磨的咖啡粉能夠保證咖啡的成份被高壓熱水均勻穿過而被迅速大量萃取。開始萃取之後，壓力表就會往上跑，壓力在 8 ～ 10 BAR 之間是最完美的，需要掌握的變數有咖啡豆新鮮度、磨粉粗細、填壓程度，這些也是使用這台咖啡機的樂趣。

壓完會非常平整，接著將沖煮把手裝上咖啡機，就可以開始準備煮咖啡了。

4 若是一切完美，咖啡豆新鮮、研磨粗細及填壓程度掌握的剛剛好，經過高壓萃取出的濃縮咖啡就會有非常多的 Crema（咖啡脂），這是義式濃縮咖啡所特有的，一般的美式咖啡及手沖咖啡是沒有上面那層 Crema 的，也因為 Crema 富含油脂微粒，就和奶油一樣，也就呈現出如此綿密及濃烈的口感。因此 Espresso 更是讓人如此著迷，平常若你去咖啡廳點一杯 Espresso，看到的就是這樣，喝起來非常厚實強烈，這也是許多歐洲人的精神食糧，另外 Espresso 也是許多咖啡飲料的基底，如拿鐵、卡布奇諾、瑪琪雅朵、摩卡以及美式咖啡。

另外 espresso 咖啡與其他種咖啡萃取方式相比，因為其每份體積較小，而且熱水與咖啡粉的接觸時間很短，一般只有 20 ～ 30 秒左右，所以總咖啡因含量反而比較低。

5 想喝拿鐵也行，Espresso 加上奶泡，這一台咖啡機的好處是有雙鍋爐，可以同時萃取咖啡及打奶泡，打起來的奶泡非常綿密，打好奶泡後，接著就可以拉花。

一切完美，咖啡豆新鮮就能讓生活質感大提升。

結論

　　這款咖啡機有雙鍋爐除了可以同時作業外，也可以連續出杯，平常家庭或是朋友聚會，就算一次來了 5 ～ 6 個以上也不用怕，要準備咖啡也很方便，繼續聊天還是要續杯都 OK，而且省下的咖啡錢可是相當驚人，重點是我現在學習拉花的程度已經不輸給咖啡廳的人員了，我還可以拉出天鵝實在太有成就感。

吉米都跟我說，以後我可以開一家咖啡館，這麼會
拉花好厲害，讓我都害羞了起來。

美式手沖咖啡機怎麼選，
讓繁瑣萃取過程一機全包

雖然家中已經有台半自動咖啡機，但是我家吉米還是不滿足，因為他也
非常愛喝手沖咖啡，對於其馥郁的果香及多層次口感真的令人難忘，於
是短短時間內我家各式各樣的咖啡器具是越買越多，只是現實總是殘酷
的，他自己再怎麼沖，也沖不出冠軍咖啡師沖出的好味道，我都跟吉米
說台上十分鐘、台下十年功，哪有這麼容易呢？手沖咖啡過程的變數非
常多，咖啡豆的品種、烘焙度、新鮮度，另外還有秤豆、磨豆、控溫、

濾杯濾紙選擇、悶蒸、流速控制等繁瑣萃取過程，每一個都是影響最後咖啡風味結果的變數，而且常常時間上也不允許啊，有時一早趕著要出門、或是滿滿的工作，怎麼有空閒去慢慢的手沖呢！但也沒辦法每次想喝就去手沖咖啡店點一杯吧？後來總覺得好像要有錢有閒才能喝到好喝的手沖咖啡……。

選擇

　　我家吉米一看到「iDrip 智能手沖咖啡機」就覺得嗜咖啡的靈魂得到了救贖，因為這台直接與世界知名冠軍咖啡師合作，從選豆開始就由達人親自操刀，而手沖技法更由達人們設定，藉由掃描咖啡包上的條碼，再借助 iDrip 的重現，感覺達人就在我們身邊沖給我們喝，注水頭會藉由雲端資料來控制其水溫、水量、沖水方式與次數、斷水時間，來重現咖啡大師的手法。中間的飛輪結構相當吸睛，咖啡機運作時，主要就是藉由其專利沖煮結構模擬出精細的手沖技法，運轉時也猶如機械錶的齒輪般，會讓人目不轉睛的盯著一直看。

這台智能手沖咖啡機共有五種顏色，我們最喜歡古銅金。

機器上方是按紐、面板及注水口，打開上蓋就可以注水，不用特別控溫，因為溫度會由咖啡機自己控制。

1 首先將咖啡包從避光密封袋取出，這樣單次包裝對於維持咖啡豆的新鮮程度非常有幫助，而且也不用擔心咖啡豆買太多喝不完，要喝什麼就買什麼、要喝幾包就買幾包、要喝幾種就買幾種；同時咖啡包也經過氮氣充填，確保新鮮的狀態。

將掛耳包上的開口撕開，就已經是研磨好的新鮮咖啡豆，從重量、研磨粗細度都經由咖啡師認可。

2 將掛耳包掛上咖啡機，條碼朝內對準機器，並按下沖煮按鈕，注水頭就會依據條碼所記載的各項變數，包含水溫、流速、旋轉位置等，來進行重現咖啡大師手沖技法，注水頭的水流路徑及速度也藉由精密飛輪完美重現，而萃取時的悶蒸及停留時間，也都精準掌控，而我們要做的就只有按下沖煮按鈕。

iDrip 濾掛咖啡有十幾種口味，依照各冠軍所設定的豆種及配方分為 G1-G4 四個不同等級。

3 咖啡機後方有 USB 是由保養人員使用，但咖啡機本身連上 WIFI 就能下載最新參數，另外還有手機 APP，可以顯示咖啡包的各項資訊，包含咖啡師、咖啡豆、手沖技法等等，這樣在喝咖啡時就能一邊品味也一邊了解，喝起來更有 FU。另外保鮮度問題，每包裝會以氮氣充填保鮮，確保每批出貨到消費者手上都是最新鮮的批次，也建議在收到一個月內使用完畢。

咖啡機後方的 USB 可連上 WIFI 下載最新參數。

結　論

　　整體來說這台手沖咖啡機精準控制咖啡師所設定的水溫、水柱和水流參數，讓我們隨時能輕鬆地享用方便、穩定的精品手沖咖啡，再也不用苦惱沖不出好喝的手沖咖啡，就算很多朋友來我們家裡，每個朋友都能喝到猶如冠軍咖啡師現場手沖的咖啡。

很會品嚐咖啡的人，一定可以喝出它的不同之處。

家有好食，
我的廚房設備

智慧型電子鍋，
讓米飯香甜 Q 彈又好吃

我們都超愛吃飯的，對於米的選擇很講究，不過其實煮飯的
器具也至關重要，Cuckoo 福庫 -IH 極炙 2.0 真高氣壓智慧
型電子鍋，這台除了擁有 IH 功能之外，最重要的就是還有
2.0BAR 高壓技術，能使內部溫度到達 125 度，煮起來的米
飯真的是香甜、Q 彈又好吃。

選擇

內容物有主機、不銹鋼內鍋、蒸盤、飯匙、量杯，這台有著流線外型，不僅有質感，而且不易沾黏指紋而導致看起來髒髒的，就算經常使用也能常保如新。

這台電子鍋的功能介面都是中文顯示，不會看不懂，現在許多電子飯鍋雖然功能很多，但功能有些不是中文顯示，有些則是要從選單中層層設定，結果最後就只會去使用煮飯單一功能，其他不是看不懂，要不就是選單太複雜不會用，實在可惜，我非常喜歡這台功能都顯示在面板上，一目了然不會讓人看不懂。

有著流線外型的電鍋相當有質感；所有功能在面板上顯現，一目了然不會讓人看不懂。

1　結構就如同過去的職人打造的釜鍋一樣，可以讓受熱更為均勻快速，內部的塗層耐高溫高壓，就算是強烈刺激或常常使用也不易造成材質腐蝕，甚至排出環境激素、金屬等有害人體物質，而且有不沾鍋特性，清潔保養非常容易，用清水沖洗就可以洗乾淨，鍋壁還有標示各種刻度。

打開後可以看到下方的 IH 裝置，而且有許多凹槽設計可以讓受熱更均勻。

上蓋是不銹鋼可拆洗設計，內鍋內外均是不銹鋼合金，內鍋底部還設計高效熱傳導結構，以及鍋壁標示各種刻度。

2　雖然內鍋整個是不銹鋼材質的，以前我常遇到的困擾就是每次都要戴上防燙手套才能把內鍋取出，但防燙手套又很大，結果就是很不好拿，拿出來也很怕掉落。但這款內鍋有設計塑膠材質把手，這樣就可以不用特別帶防燙手套就可以取出內鍋，相當貼心，另外內鍋把手是露在外面的，而不是關在裡面加熱，所以真的不會燙而且很好取出。

機器底部有收納功能，能收納電線；另外白色的是清潔工具，能收納在這真的是很貼心的設計，要不然每次需要它的時幾乎都會找不到。

內鍋把手是露在外面的，而非關在裡面加熱，所以不會燙而且很好取出。

結 論

　　整體來説這台電子鍋煮出來的飯真的很好吃，而且還能煮很多燉煮料理，讓我們吃飯就是一大享受，我們家小姪女來我家時，還會自己跟我們説要吃這台高壓電子鍋煮的飯，連小朋友都喜歡。

用對好的電子鍋，煮出來的飯也是粒粒分明，米飯變得鬆軟Q彈。

家有好食，
我的廚房設備

不銹鋼深煎鍋，
煮起西班牙海鮮飯來很迅速

我很喜歡功能性強且外型漂亮的鍋具，這樣使用起來不只上
手好料理，而且鍋具漂亮的話還可以直接上桌，不用再另外
使用其他的容器裝盛及擺盤了。

選 擇

　　我是一個注重鍋子要好用，而且要可以用很久的，所以我使用了 Lagostina 樂鍋史蒂娜的 Accademia 系列深煎鍋，鉚釘式的把手設計透露出義大利的優雅和品味，重點是有專利鋁鋼五層鍋底技術，導熱非常均勻快速，煮起西班牙海鮮飯很迅速，而且因為底部受熱均勻，所以也不會說某些地方燒焦而不好清洗，不只快速上菜還能輕鬆洗鍋，使用過程相對輕鬆優雅。

　　這款深煎鍋握把及提把與鍋身連接處都是使用鉚釘式的設計，看起來多了幾分古典氣質，但不銹鋼材質又讓整體感覺不會太過古典，來自義大利製造，能夠保固 25 年。

這握把不只設計典雅，還很符合人體工學設計；鍋蓋有加厚，線條設計能緊貼鍋身，水份不易流失。

1　鍋底很厚是不銹鋼跟純鋁的五層技術，純鋁導熱非常快，純鋁大家可能會不想直接與食物接觸，但 Lagostina 是將純鋁包在不銹鋼裡，所以不會直接接觸到食物，而且是兩層純鋁分別嵌於三層不銹鋼內，可以儲熱而且可以整個受熱平均。

鍋底運用不銹鋼與純鋁的五層技術，能使食物平均受熱。

2　除了一般瓦斯爐外，這款深煎鍋不挑爐具，能適用於微波爐、感應爐，比較薄的鍋容易會在火力較強的地方出現燒焦甚至黏鍋狀況，但選擇底部有五層結構的，不管是甚麼爐，溫度都很平均。

以製作西班牙海鮮燉飯為例，能在不斷拌炒及收汁中，充分展現出均熱的火候。

結 論

　　鍋具外觀漂亮，也真的好用，用來炒、蒸都很合適不會黏鍋，我常用這鍋直接做西班牙海鮮燉飯，因為我們去西班牙旅遊時，每天一定要吃一餐西班牙海鮮燉飯才行，只能説好的鍋子能讓人料理變得的輕鬆快速！

煮出的西班牙燉飯特別香、特別道地，成就感滿滿。

POINT 3

好感睡眠，
我的臥房設備

選好床讓你睡眠品質高，
夜夜都好眠

人生有三分之一的時間都花在睡眠上，但是很多人卻不知道
選擇床墊的重要性，每天起床感覺好容易累、好像都有睡不
飽的情形，如果大家有這種情形，需要考慮是不是因為床墊
選擇的錯誤而引起睡眠品質不好。

　　PHOTO／買床一定要重複不斷地去試躺，才能買到一張符合適合自己身體的床。

選擇

　　我們以前還在租屋的時候，床是非常普通的彈簧床，一張大約是 NT3000，那時候不懂得睡好床的重要性，所以床睡到都凹下去也沒說要去換掉，身體常常不是落枕就是腰痠背痛。所以每到國外旅行睡了各大飯店的床後，都會發現怎麼這麼好睡，而且起床比較不會有腰痠背痛的情形，我才注意到有一張好床很重要，於是我常常把飯店的床單攤開，看看床的品牌是什麼？最後發現很多飯店都使用席夢思的床。

　　買新家後我們沒有因為席夢思這一個品牌就有迷思，而直接買它們的床，反而是去試躺各大品牌的床，才了解原來床還有區分，分別有軟床、適中床及偏硬床，價格從便宜到貴都有，但不是貴就好，而是要找到適合自己的床，於是我們花了大半年的時間試床，一直深信適合自己的好床，才能讓我們擁有健康身體，最好辨識睡眠品質的狀況，就是看隔天起來精神活力。最後我們試了這麼多的床，還是決定買了一張席夢思的床，而且是高價位的床，本來想說這麼貴的床不要買好了，但是吉米一直堅信，好的床不但可以讓我們睡眠品質比較好，而且能用上大半輩子就值得了，於是就買了 Simmors Natalie 高價位的床回家。

買這一張是屬於軟床，因為我們夫妻倆都偏好軟床。

1　我們選的這一張床的表面是高級天絲與涼感高科技泡棉等材質作成的，透氣式涼感記憶膠，能迅速排除身體熱氣，睡久了都不會感到悶熱，透氣涼爽，而且材質偏軟且是雙人加大，如果不注意隔天醒來還誤以為自己睡在飯店，真的很舒適。

Simmors Natalie 天絲 + 涼感高科技泡棉，睡起來柔軟舒適且透氣。

2　再好的一張床也要好好保護，所以購買時我就一起買了兩張彈簧下墊，當時想說台灣氣候非常潮濕，如果將床墊擺在地上，床墊裡容易潮濕而易產生發霉或是塵蟎，而且有了彈簧下墊的保護，上床墊彈簧更能平均受力，彈力也能讓席夢思的上墊的彈簧能使用更久。

上墊跟下墊是分開的，下墊彈簧可以讓上墊的彈簧維持很久的壽命，也能讓上墊的床墊睡起來更軟，更舒適。

3　我是一個睡眠品質很差的人，只要吉米一動我就會醒來，醒來之後就很難入睡，且睡著後變得易醒，但有了這張床後，吉米上床我完全沒有感覺，連翻身、起床都不會不受干擾，且這一張床的最大優點是使用，百分之百三環鋼線交織而成全新的三環鋼弦彈簧，比單環鋼線更強韌，因此震動減到最低，支撐性非常強，所以自從有了這一張床的好處是完全不會互相干擾到睡眠，這一點也是我會買這一張床的原因。

上墊跟下墊是分開的，下墊彈簧可以讓上墊的彈簧維持很久的壽命，也能讓上墊的床墊睡起來更軟，更舒適。

結 論

　　我們躺過這麼多床，發現懂床和設計床的人是完全不一樣的，施作的細節、細膩度、人性化的程度真的差很多，且支撐性是非常重要的，支撐性好的床睡覺時不但不會影響到另一半，隔天起來睡眠品質會很好，因此我建議要買床的人一定要先到店裡躺看看，比較過才會知道這張床是否適合自己。

挑好床，一定要親自試躺，因為每個人的身體能適應的床都不一樣，另外挑選值得信任的品牌，售後服務也比較好。

好感睡眠，
我的臥房設備

家中必備空氣清淨機，
讓室內滿滿好空氣

台灣的空氣品質可是一年比一年糟糕，空氣清淨機成為家裡各空間的必
備設備，我們家吉米是過敏兒，沒有一台好的空氣清淨機可是不行，
因此我一直在注意有設計感的空氣清淨機，我看到 LIFAair 空氣清淨
機 -LA352，心想是金屬一體成形材質，質感和外型超好，感覺用上個十
年也不會壞，而且邊角都是圓弧設計，就算小朋友嬉鬧不小心撞到也不
用擔心。

選擇

　　LIFAair 是 1988 年於芬蘭首都赫爾辛基創立，設計看起來很北歐風，清淨機上方猶如飛機渦輪式的出風口導流葉片，可以大大的降低運轉時的風切噪音，整台機器極簡到完全看不到任何按鈕，是用觸控的方式操控運轉風速，而且觸控的區域也完全跟機器融合為一體，而沒有多餘的觸控面板。

機器擺放位置最好距離牆面 20 公分比較好，可從機器直接控制風速。

1 整台機器極簡到完全看不到可以打開他的地方,原來是從底部打開,打開後就看到筒狀濾網,濾網是 H12 等級的 HEPA 濾芯,縐摺設計讓過濾面積極大化,PM2.5 去除率 99.99%,取下 HEPA 濾網後,還有一整圈的黑色活性碳過濾層,由四片活性碳版緊緊相連成圓筒狀,內充填了將近一公斤重可吸附甲醛的活性碳,並製作成一粒粒小圓柱狀,上面還有許多小孔隙,可以吸附許多有害氣體,像是傢具所散發出的大量甲醛。

濾網是 H12 等級的 HEPA 濾芯,縐摺設計讓過濾面積極大化,PM2.5 去除率 99.99%。

2 空氣清淨機附有一台空氣監測器,這台空氣監測器可同時與空氣清淨機連線並控制空氣清淨機,也能單獨運作監測機器所在位置的空氣品質,像是 CO2、甲醛、PM2.5。並能用手機監連網後,在依據當時的狀況決定是否要開窗的參考依據。另外這台的空氣淨化效率 CADR 值是 330m3 ∕ hr,也就是每小時可以提供 330 立方公尺的乾淨空氣,適合坪數是 12 坪左右。

可從手機隨時監控家中室內空氣品質並與空氣清淨機連線做控制。

結論

　　有了空氣清淨機，睡眠品質會好很多，都可以一覺到天亮。像我們家小姪女很愛來住我家，平時難免好動、活蹦亂跳的，這台空氣清淨機好處是所有邊緣都是圓角設計，不用擔心小朋友去撞到她會受傷，而且空氣好小朋友才會睡得好，要不然就是一直過敏流鼻涕，但只要有空氣清淨機在沒多久就呼呼大睡，只能説小朋友舒服，大人就舒服。

空氣清淨機在晚上10:00～早上6:00間，還會自動切換成睡眠模式，超靜音，減少對睡眠的干擾。

疲意全消，
我的衛浴暨清理設備

掃地機器人，
吸塵拖地一次到位！

我覺得把時間花在其他更有價值的事情上可以學習新事物、看場電影、看本書或是放空、泡澡、發個懶也都很棒，而且現在幾乎都是雙薪家庭居多，下班後大家也都很累了，誰來掃地拖地呢？這些瑣碎家事也常是造成家庭失和的開端，不過現在掃地機器人功能是越來越多也越來越智慧，一台抵好幾台，這台 LG 三眼濕拖清潔機器人，方形設計可以減少

清潔死角，拖布有全自動智慧給水裝置，掃地拖地全交給它就好，厲害的是還有智慧鏡頭，可透過 WIFI 連線遠端監看家中動靜，簡直好像擁有專屬保全。

選　擇

　　以前我家吉米常要花很多時間在吸地板 ，吸完還要再拖一次才會乾淨，每次我看他都像老人一樣，一直喊累，感覺吸完、拖完地半條命都去了，還會喊腰酸背痛，這樣真的不行啊，因為他也想要坐在客廳聽音樂、看電視享受一下，於是家中就有掃地機器人的出現。

　　這台特別的就是還具有智慧鏡頭，就算我們出門在外，也能透過智慧型手機及家中 WIFI 來遠端遙控，就像操作電玩般遙控它去各個角落查看動靜，前方有前置相機、超音波感應器、障礙感應器，上方則是有相機感應器，下方還有一組相機感應器，比較不會撞壞傢具，掃地有規劃路徑，屬於比較聰明的機器。

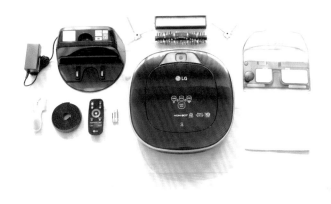

包含主機、充電站、遙控器、抹布板、超細纖維抹布 X2、邊界磁條（2M）、清潔工具、寵物刷（備品）、側刷（備品）、EPA 濾網（備品）

1 方形造型讓邊刷清掃範圍更大,比起圓形造型的掃地機器人更是沒有清潔死角,下方則是已經預先安裝好一組側刷及清潔刷,可以確實打掃到牆角及邊角。

方形造型讓邊刷清掃範圍更大,能確實打掃到牆角及邊角的地方。

2 機器上方打開上蓋就可以看到集塵盒,集塵盒上方有提把方便提出,還有一個雙頭清潔刷,放在這邊這樣就不會每次要用的時候總是找不到,集塵盒濾網共三層,包含海綿濾網、EPA 濾網,可用水沖洗,集塵盒容量加大至 0.6L,以清掃機器人來說還蠻大的,能減少清潔次數。

集塵盒容量加大,能清潔多次,不用忙著倒集塵盒。

3 這台機器我覺得很貼心的功能還能濕拖地板,機器裡的水盒可以裝水,裝完水後利用魔鬼氈固定將抹布固定在在濕拖地板上,抹布是超細纖維抹布,可以進一步清潔地板。

安裝上濕拖地板就可以進行濕拖,清掃、濕拖一次完成,真的是好省事。

4 上方、前方、下方都有相機偵測器，因此稱為三眼，可自動掃描偵測環境，並計算出最佳打掃路徑，就算在黑暗中也可搭配光學流動感應器偵測環境，精準定位，自動規律打掃，提高清潔效率，能進入 10 公分以上傢具底下清掃，出門時讓 LG 清潔機器人努力的清潔打掃就可以，客餐廳空間大約一個小時左右完成清掃，掃得乾淨摸起來無灰塵。

可於 10 公分以上傢具底下清掃，並能進去沙發下方清掃及拖地。

結論

使用掃地機器人縮短清潔時間，多出來的時間就可以用來做其他的事。

整體來説一台清掃機器人絕對是必要的，可以讓家庭關係更和諧，時間也多出不少用在其他更有意義的地方，繼續談戀愛也可以啊。

這台 LG 三眼濕拖清潔機器人的功能真的是很棒，方形造型讓邊刷能更深入的清潔邊角，還能濕拖讓掃地及拖地同時完成，智慧連網功能不只可以用手機操控，還有鏡頭讓你隨時用手機好像打電動般操作，想看哪裡就看哪裡，比起一般只能固定在定點的網路攝影機，這台是會跑的，可以前門看完再跑去看後門，人在外面也能比較安心。

疲意全消，
我的衛浴暨清理設備

透天別墅及大坪數公寓必備清潔神器，有效節省時間

家裡要住的舒服、看起來乾淨漂亮，其實就是要清潔跟整理，要不然裝潢跟佈置再漂亮都沒有用，有些地方要快速清潔或是掃地機器人掃不到的地方，還是會用其他吸塵器，目前我家吉米覺得用過清潔度效果最好的就是 Dyson 吸塵器，Dyson 吸塵器我們已經用好多年了，我們從早期的 DC16 手持型吸塵器就開始使用，那時是住小套房，一直到最近的 V6、v10，滿意度都是 100%。

PHOTO／我們用過清潔度效果最好的就是 Dyson 吸塵器，三兄弟 V10、V8、V6，目前也都還在使用中。

選 擇

　　一般較小坪數的居家，我建議可以買 Dyson 的手持型吸塵器 V8 或 V6；但若是透天別墅或是大坪數的話，還是需要一台靈巧方便移動的吸塵器，才能有效率地做好清潔工作，所以家裡是大坪數跟透天別墅可以買 Dyson 的有線吸塵器（像我家是 Dyson BigBall CY23 吸塵器）或手持型吸塵器 V10，附的吸頭可以幫我們吸各種硬地板、地毯、床墊、榻榻米、樓梯、床底、各牆角縫隙、天花板，而且吸力超強不減退，管徑較大且加大集塵桶，所以甚至還可以用來吸落葉，真的是工欲善其事、必先利其器。

　　我們會特別注意吸頭的部分，Dyson 吸塵器 +Fluffy 軟質碳纖維滾筒吸頭，這吸頭上的軟絨加上電動高速轉動及強勁吸力，能將地板上的微塵吸的一塵不染，另外軟絨也不傷地板，尤其是像我們家一樓的磐多磨，使用這類設備就很適合。

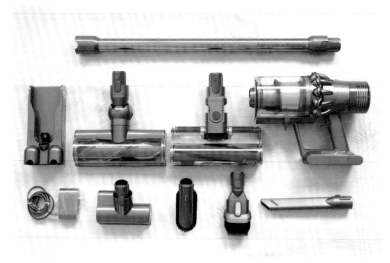

以 DysonV10 的吸塵器來說，加起所有共有多達 10 種配件。

1　「碳纖維毛刷吸頭」，是藉由高速滾動及強勁吸力，米達成清潔效果，像家裡地板有花崗石、地磚、盤多磨、木地板等硬質地板，另外還有部分地毯，全部都是用這一個吸頭就可以解決，使用時會高速轉動，Dyson 的吸頭寬度很寬，可以提高吸塵效率，而且像吉米在吸木地板時，就可以對好每條木地板的線條反覆吸，不用怕有哪裡沒吸到。另外一般的吸頭因為蓋子的關係，常常牆壁邊角都無法吸會有死角，但這軟質碳纖維滾筒吸頭的蓋子也是有特別設計，讓你也能吸牆壁邊角而沒有死角。

紫色及紅色部分是柔軟尼龍刷毛，黑色部分是抗靜電碳纖維，強力吸除塵垢且不傷地板。

2　另外「迷你電動渦輪吸頭」，前方構造可以讓吸頭平貼表面，可拍打表面並將髒污刷起和吸入，適合清潔局部區域的髒污及毛髮，例如：床墊、沙發椅墊、汽車椅墊、汽車腳踏墊、寵物床等。床是常跟我們肌膚接觸的地方，床墊上會有許多灰塵、皮屑甚至微生物，像是塵蟎，這些都是導致過敏的元凶之一，吸頭可以強力的將床墊上的灰塵、甚至塵蟎等過敏原都吸起來，原本以為會因為吸力過強，滑動床面的布料不易，沒想到使用起來居然能順暢的來回移動吸塵。

迷你電動渦輪吸頭，能深層清潔床墊中的塵蟎及過敏原。

3 V10 濾網是可以用水沖洗的，沖洗完不要用手去擠它，甩一甩然後陰乾即可。且馬達升級成每秒高達 2,000 轉，是目前 Dyson 數位馬達最快紀錄，因此吸利非常強，握持起來符合人體工學，一直持續使用手也不會覺得有負擔。另外 V10 的延長管是有些亮面的古銅金，擺在家中也漂亮。

V10 集塵筒改變位置後與馬達連成一線，手舉高的時候感覺重心比較穩定，所以能輕鬆地清理天花板也不會手痠。

結論

吸塵器可以使用超久，是一個非常棒的投資，家裡乾淨不只對健康有幫助，而且讓心情愉悅無價，

這台真的是透天別墅及大坪數公寓的清潔神器，平時想要維持家裡乾乾淨淨、漂漂亮亮的，一款好用且有效率的清潔工具絕對是不可或缺的，只要是吉米在家時幾乎天天用 Dyson 來清潔，不只自己住起來舒服，重點是吉米自己有過敏，若是在較多粉塵的地方就是噴嚏鼻水不斷，但現在用 Dyson 一段時間，微塵粉塵都一掃而空，空氣似乎也變清新了。

POINT 4

疲意全消，
我的衛浴暨清理設備

▌手持無線吸塵器，
▌做家事輕鬆又優雅

我跟吉米不太一樣，我喜歡的吸塵器要輕、要好拿，這一點跟男生選用
的吸塵器要很強的吸力是很不一樣，我也喜歡光腳踏在地板上的踏感，
感覺乾淨又舒服，不過想要維持這樣的踏感可是不簡單。吉米不在家的
時候，吸塵地板就變成我的工作，但是我就比較隨性，我不會去拿他常
用的吸塵器，我都拿最輕的伊萊克斯吸塵器（ZB3425BL）在用。

選 擇

　　我常拿的是伊萊克斯吸塵器，軟絨刷頭能將地板的碎屑、灰塵吸得乾乾淨淨，而且還可以有拋光效果，不用再拖地就能有潔淨無塵的踏感，機器是屬於較低重心的設計，女性朋友甚至小朋友也能毫不費力的使用，外型純白漂亮有質感，所以我自己反而比較喜歡這一台。

　　主要不一樣的地方就是前方的吸頭是 POWERPRO 拋光滾刷吸頭，運用軟硬不同材質的兩種絨毛，可以完全貼合地面，掃除地板微塵，且能達到拋光效果，HEPA 濾網還能過濾 99.99％ 的細小微塵，吸塵器本體相當有質感，而且是流線造型。

全配包含除蟎吸頭、延伸吸頭配、轉角小毛刷、沙發／布質吸頭、彈性軟管、二合一吸頭，另外還有一個收納袋，全配版的顏色才是全白的，提醒喜歡全白的話就要選全配版本。

1 而這吸塵器讓我很喜歡的一點就是可以自己站著,這真的是很重要啊,要不然每次吸到一半若臨時要接個電話還是拿個東西,就要彎腰先把吸塵器平放到地上,然後再彎腰起身,真的是感覺不方便,但這系列吸塵器就只要隨手一擺,它就會直挺挺地站在原地,而吸塵時重心在下方接近地板處,而機器很輕手感重量只有600g,因此手不需要很費力,用久手也比較不會痠,非常適合女生使用。

很喜歡的一點就是可以自己直立站著。

2 軟絨刷頭分別為軟毛及硬毛兩種絨毛,前方的軟絨吸頭經過高速轉動,就像拿著柔軟的布一直擦地板一樣,而且加上吸塵器的吸力的加乘效果,就會更貼合地版,因此連木地板紋理及縫隙也都能確實清潔乾淨。高速轉動的絨毛吸頭也很適合石材地板,不只不會破壞石材表面,而且還有拋光效果,清潔及拋光一次完成,而且使用機器時,我會很在意吸塵器有毛髮纏結的問題,但這款不會發生,頭髮不會纏結在吸頭上,而是全都被吸進吸塵器裡。

軟絨刷頭用上了軟毛及硬毛兩種不同材質絨毛,而絨毛吸頭能避免毛髮纏結的問題。

3 這款只要按個按鈕就能取下手持單元，手持單元上有電源鍵，可以直接用來清潔桌面、層架上的灰塵，也可以裝上二合一吸頭，毛刷設計可以用來吸鍵盤縫隙，或是用來吸冷氣或除溼機等濾網上的灰塵，裝上 UV 床墊電動吸頭，這吸頭主要是用來除塵蟎用，可以啟動 UV 光，還兼具殺菌效果。前方的滾刷會高速拍打床鋪，將床鋪中的塵蟎及其排泄物打起來再吸入吸塵器中。

高處清潔伸縮吸頭最長可延長 78 公分，前方可再裝上轉角小毛刷就可以清潔天花板或高處的清潔死角。

只要按個按鈕就可取下手持單元，作較為細節的吸塵清潔；還可以啟動 UV 光，兼具殺菌效果。

　　整體來說我比較滿意這款伊萊克斯這一款吸塵器，因為實在很輕巧，使用時不用費力，也可以將地板吸得很乾淨，對我來説快速、輕鬆優雅的吸塵器對我來説還是比較實用的，另外重心接近地板的設計，連小朋友也能輕鬆使用。

有了這台，清潔真是超省事。

Key Point

吸塵器的聰明選購原則—**一般吸塵器 VS 掃地機器人**

種類	主要性能／優缺點	達人說
一般吸塵器	1. 需要人主動打掃，簡易快速 2. 有不同程度的吸力，清潔髒污 3. 邊角或牆角灰塵能清潔很乾淨 4. 可使用在地板、床、地毯 5. 可除塵蟎	能快速有目地的將髒污除去，不需花太多時間就能將房屋整理乾淨，且現在的吸塵器有除塵蟎的功能，可以抗過敏。
掃地機器人	1. 能設定時間預約打掃 2. 能偵測障礙物，碰到牆壁或其他障礙物會主動轉彎 3. 有地圖規劃，有效吸塵 4. 要花較多的時間才能掃乾淨 5. 不在家也能輕鬆打掃家裡環境 6. 沒電時會自動回主機主動充電 7. 能清掃大顆粒灰塵但易揚塵	需花較多的時間才能將屋子裡的髒污清潔乾淨，但是好處是人不在家也能遠端遙控，或是預設時間打掃，缺點吸力固定，有些小的灰塵、髒污掃不乾淨。

POINT 4

疲意全消，
我的衛浴暨清理設備

變頻除濕機，快速除濕，
抑制黴菌細菌孳生

家裡裝潢後，我們也把過去到現在一直收藏的很多古董相機、鏡頭、CD
展示出來，另外家裡還有幾個較貴的包包，這些物品都很擔心潮濕問題，
只要濕度有點高我們就要很煩惱，空氣中有很多肉眼所看不見的黴菌、
細菌會大量繁殖生長，不只對我們的健康不好，重點是擔心家裡收藏的
物品也會壞掉。一定會有很多人說怎麼不放進防潮箱就好？不過我還是
覺得，既然是收藏品，還是擺出來才好看，每天看著都開心，而且東西
這麼多，總不能買了一大堆防潮箱吧？另外像是木質、皮革等材質的傢
具也都是容易發霉，所以還是除濕機比較實用。

選擇

　　我們選的變頻除濕機除了美型的外觀線條外，我最喜歡的是它有多種功能：智慧除濕、快速除濕、靜音除濕、烘衣／烘鞋、衣物乾燥等，另外還能用 WIFI 來查看，在功能上風速可以調整。另外智慧除濕可設定一個預設濕度值，比如設定 60%，除濕機就會自動偵測，高於 60% 才會啟動除濕，低於 60% 就不會啟動，可以達到濕度恆定及節能節電的效果。

　　尤其當遇到下雨天，每次洗完的衣服都不會乾，衣服晾在外面會被噴濕，這時要把洗好的衣服拿進來室內晾乾，就會用開啟除濕機的衣物乾燥模式，出風口對著衣服，除濕機出風口的擺葉會上下擺動，也能讓衣服快速變乾。

除濕機有衣物乾燥模式的功能時，衣服收進室內開啟模式後，衣服大約 4 ～ 8 小時就會變得很乾燥舒爽。

1　這台的奈米離子功能，能主動釋放正負離子，有效去除空氣中的細菌等有害物質。首先會與空氣中的水分子結合，產生離子束（Ion Cluster），離子束包圍各種有害物質，接著化學反應產生 HO 自由基，HO 與有害物質反應，最後結合有害物質變成水，釋放乾淨空氣。

奈米離子功能，會主動釋放正負離子，去除空氣中的細菌等有害物質。

2　滿水時會自動關閉除濕機，另外水箱有提把設計，可以單手取出，提把是活動式，還可提著去倒水，這真的很貼心，因為很多除濕機的水箱沒有提把，因此很難取出之外，還要雙手抱著水箱去倒水，常常水濺出來弄得身上及地上到處都是水，還要用拖把拖，真的是很困擾，但 LG 除濕機的水箱有單手取出及提把設計就真的是超棒的啊。

水箱有提把設計，倒水時不會將地板弄到濕搭搭。

3　最讓我覺得厲害的功能是還有提供烘鞋及衣櫃配件，裝上烘鞋延長管，將模式切換到烘鞋／衣櫃模式，上方出風口就會關閉，風就從延長管直接到鞋子內，有了這配件，一次可以烘一雙鞋，這在下雨天時非常好用，因為雨天難免在雨中行走時，整雙鞋會弄濕，就算放一整晚還是濕的，這樣隔天穿起來不舒服，濕濕的容易引起黴菌感染，白話一點講就是腳發霉了就算不穿，鞋子也很容易發霉，因此有烘鞋功能讓我覺得設計很貼心，機器也能深入衣櫃內進行除濕。

有專屬配件，能烘鞋也可以除濕櫃子裡面的衣服，很人性化設計。

4 另外還能加裝除濕機濾網，白色是 3M 微塵濾網、黑色是除臭濾網，安裝方式是將除濕機後方除塵濾網抽出，將 3M 微塵濾網或除臭濾網裝載除塵濾網下方，一次只能加裝一種濾網，安裝完後接著插回去即可使用，這樣能減少灰塵及除臭的功能讓空氣變得更好。

加上白色是 3M 微塵濾網、黑色則是除臭濾網。

結 論

外觀線條美的除濕機，放在家裡做擺飾也不會覺得很突兀。

整體來說我覺得除濕機是必備家電，除濕才不會讓肉眼看不見的黴菌及細菌大量孳生，能減少對健康的危害，還可以守護我們的傢具、收藏品、衣物、鞋子、包包等等，這些東西真的是只要發霉，損失的費用可能都不只一台除濕機的售價，所以我建議真的要買台實用性高的除濕機。

直立式神奇鍍膜超變頻洗衣機，
CP 值高，價格合理又好用

之前有人一直問我們說，洗衣機到底該怎麼選？簡單來說可以用價格來
篩選機器，如果預算足夠，我會建議直接買滾筒式加上有洗、脫、烘的
功能，而且烘衣服的功能是可以直接將衣服百分百烘乾的。但是大家都
想要知道便宜又好用的洗衣機，所以我想分享兩款性價比高的洗衣機給
大家。之前我問髣媽說一般的洗衣機您希望多少錢是合理的價格，髣媽
說大約兩萬多塊，太貴的洗衣機會買不下手，髣媽說一般的家庭對於洗
衣機的要求只要洗得乾淨、省電又安靜，重要的是便宜，媽媽族群才會
喜歡且購買，所以我想推薦這台 TOSHIBA 東芝洗衣機，日本設計且有
馬達十年保固。

PHOTO ╱ TOSHIBA 東芝洗衣機，是台神奇鍍膜勁流雙渦輪超變頻洗衣機。

選 擇

東芝這一台洗衣機是直立式洗衣機，版面簡單操作，長輩即便沒有教過也能依據上面的指示，簡單完成洗衣步驟，另外洗衣機的上蓋是使用玻璃緩降上蓋，外觀美麗，而且蓋上蓋子的時候不會碰一聲。

直立式洗衣機大家最怕的是洗不乾淨及衣服會糾結在一起，但這一台內槽兩側的勁流雙渦輪，能大幅提升水流流動，同時增強洗淨力及減少衣物糾結。以前我都覺得洗完後衣服打死結是很正常的事，雖然洗衣簡單，但其實要將衣服拿起來曬的時候才是辛苦的，光是處理打結、曬衣服就會花了不少時間，但用這一台洗完衣服後，卻讓我省了很多時間。

版面操作簡單，第一次使用也會依據上面的指示簡單完成洗衣步驟；有八種單鍵洗衣流程，包含：標準、浸泡、強洗、柔洗、毛毯、柔軟芳香、防皺快洗、槽洗淨。

1 洗衣機的桶身，全部都是採不銹鋼星鑽設計，不生鏽也可以提高洗淨力。另外直立式洗衣機以前最擔心的事有些衣服的面向洗不乾淨，但是這一款洗衣機底部是使用 3D 強力回轉盤及搭配雙瀑布設計，不但可以多方面水洗，全部面向都可以洗得到。打開洗衣機上面的蓋子，裡面還有運轉時錯誤的警示標誌，如果蜂鳴器響起，依據指令步驟解決就可以了，是貼心小標語。

這一台內槽兩側的勁流雙渦輪，能大幅提升水流流動，同時提升洗淨力及減少衣物糾結。

2 早期的直立式洗衣機，每次都要將洗衣精或柔軟精直接倒入，有時候洗完衣服後還會發現有洗衣精的殘留，但是東芝的洗衣機有做專用的洗條劑及柔軟精專用的盒子，不用再擔心洗條劑直接倒入導致衣服洗不乾淨的問題。且能依據衣服的重量、材質、提供精準的水流及水位，不但省水，洗衣機洗的時候能平衡轉動，減少衣物打結。

有設計洗條劑及柔軟精專用的盒子是選擇上的一大考量。

3 最重要的是很多媽媽都會擔心小朋友會亂觸動洗衣機造成危險，有上蓋安全鎖也是選購考量之一，只要開始洗衣服的時候，安全鎖就會自動上鎖，不用擔心小朋友誤觸。這款還有一個功能就是洗衣槽有神奇鍍膜，每次洗衣服的同時，單單用水就能去除易殘留槽外的洗衣粉、汙垢、黴菌、細菌等，省下清洗洗槽的次數及費用。

有上蓋安全鎖，只要開始洗衣時，就會自動上鎖，不用擔心小朋友誤觸。

結論

　　整體來說這台洗衣機有幾個優點：使用勁流雙渦輪、超變頻直接驅動馬達。運轉效率是一般變頻的兩倍，能強力運轉洗衣也變得更乾淨。而且屬於低噪音，洗衣服的時候也不會聽到大力的震動聲，另外我覺得很棒的是洗衣機的桶身，全部都是使用不銹鋼星鑽設計，有鍍膜設計，洗衣服的時候洗潔劑或是細菌、黴菌較不會殘留，而且洗衣功能也有一個是「槽洗淨」的功能，因此長期使用下來也可以省下請別人來清洗洗衣機的錢，所以這一台洗衣機對我們來說算是一台便宜，簡單操作，外觀精美，一般來說大家都能接受。

外觀精美，價格親切，是容易入手的洗衣機。

變頻滾筒洗衣機，
洗、脫、烘一次完成

另外一台是洗、脫、烘的洗衣機，因為有烘乾的功能對我來說洗衣服會
變得很輕鬆，也會省很多時間，加上我們常會出國出差，回來後一大堆
衣服都來不及洗，洗了衣服都沒乾又趕著要出國，去逛大賣場時我們會
偷偷看一下類似有洗、脫、烘的洗衣機，不過當我們倆一起看到價格昂
貴之後都會倒退一大步。有一次吉米接到邀請試用東元變頻滾筒洗衣機
13 公斤的洗衣機，我希望吉米答應，因為我真的很想知道便宜、滾筒式
加上有洗、脫、烘的洗衣機到底能不能洗乾淨跟烘乾。

選 擇

　　這一台是 High Wash 東元變頻滾筒式 13KG 洗脫烘洗衣機，東元的人員從安裝到完成大約半小時的時間，洗衣機送到我們家的時候外面有紙箱及保護膜保護機器，避免機體受損。這一台洗衣機是可以用溫水洗淨的，因此我們是裝在有熱水管路的水龍頭。如果家裡沒有另外的熱水管線也不用擔心，一樣可以安裝使用。

　　一開始看到這一台機器的時候，光是看滾筒裡面都覺得是小小一台，想著能一次洗很多嗎？洗得乾淨嗎？當時我們兩個有滿腦的疑問。第一次用的時候就拿了棉被、被單、枕頭套、衣服、褲子等一次丟下去洗，看看到底能不能夠放得進去，沒想到 13 公斤的容量很大，只是看起來比較小台而已，另外，這一台的高度，我覺得很符合人體工學，有保護腰部設計，容易放取衣物操作也簡單。我是為了拍照才蹲下來，其實斜滾筒設計人站著丟進去衣服是不會溢出來的，而且控制面板剛好是在腰部上，不用彎腰可以輕易操作。

洗衣機容量有足足 13 公斤。

1 東元變頻滾筒洗衣機為斜取滾筒設計,滾筒門中心點的位置有向上提高 2.5cm,門的傾斜角度及門的框寬度都又做調整,使得門開啟更便利。而斜取式滾筒,拿衣物也變得便利許多,比較不會因為拿不到衣服,不小心將衣服掉落在地上,所以我一直覺得這個設計很好。

外觀為暗紅色的配色很時尚,搭配家裡白色的陽台一點都不會覺得很突兀。

2 洗衣機洗滌類分為:標準、合成纖維、浸泡、羊毛、大件衣物、強洗、槽洗淨、節能、兒童衣物、快洗、預洗、標準烘乾、熱風除臭、快洗加烘乾。行程則有分:洗衣、清洗、脫水、及烘衣。另外還有 20 ／ 40 ／ 50 ／ 60 等四段溫度,可選擇用溫水洗,我覺得用溫水洗衣服,衣服有髒污容易清潔的掉,而且還有殺菌和除塵蟎的效果。

控制面板將功能寫得一清二楚。

水溫 40 度洗最適合清除掉黃垢,大家不妨可以試試看喔。另外這一台也有設計兒童保護鎖定功能,能有效防止兒童在洗衣機運轉時,碰觸按鈕改變洗衣設定。

3 我覺得另個貼心的設計，就是有智慧洗劑投放盒，裡面分別有(1)自動洗衣劑投入盒(2)自動柔軟精投入盒(3)手動洗衣劑投入盒(4)手動柔軟精投入盒。簡單來說，你可以手動依據衣服多寡自行放入洗衣劑及柔軟精。手動是指一次洗的量。比較要注意的是一次放不要放入過多的洗衣精，不然會產生大量的泡沫不易清洗。另外投放盒可以一次性的倒多量的的洗衣劑及柔軟精，就不需要洗衣時還要每次分別倒洗衣劑及柔軟精。

洗衣劑跟柔軟精是不同槽。

把洗衣劑一次倒入投放盒裡，每次洗衣服的時候不用再倒一次，省了不少時間。

4 衣服洗完後，衣服平整沒有打結，比較一下原本我們使用直立式和滾筒式的差別，滾筒式的優點是，它是使用滾筒的高低落差，加少量的水去洗滌達到拍打的效果，所以衣服自然的就不會打結，水相對的會比較省。直立式洗衣機則是運用回轉盤加大量的水量去攪拌清洗，因此衣服每次洗完都會打結，光是處理打結再把它晾乾每次都花了我好多時間再處理。

滾筒式使用滾筒的高低落差，加少量的水去洗滌達到拍打的效果，所以衣服自然的就不會打結。

使用過洗、脫、烘等功能後，白色毛巾的污垢能清洗得很乾淨，另外關於烘乾部分，很多人都會有個疑問究竟能不能烘乾，這台洗衣機若要進行烘乾功能的話，衣物容量是要放 7.5 公斤以下，因為這台是熱風烘乾，我們烘乾的時間設定了兩個小時，然後我們的衣服有 6 分滿，烘乾完成的時候打開洗衣機的門，摸著衣物感覺熱熱且還有水氣，原本以為沒有乾，接著我打開門後約兩分鐘再一次摸著衣物，原來全部的衣服都是乾的，水氣都已經蒸發掉，所以這一台的烘乾效果非常棒。

輕輕鬆鬆完成洗脫烘的步驟，還有智慧洗劑投放盒，從原本的放衣服→倒洗劑→曬衣服→收衣服→摺衣服的繁瑣及耗時步驟，變成放衣服，按下按鍵後就等著折衣服啦。這一台真的很便宜不到三萬就能買到，是我覺得ＣＰ值很高的一台洗衣機。

做家事也能美美的，而且省下了大量的時間。

Key Point

洗 衣 機 的 聰 明 選 購 原 則 **直 立 式 洗 衣 機 VS 滾 筒 洗 衣 機**

種類	主要性能／優缺點	達人說
直立式洗衣機	1. 洗衣時間較短 2. 衣服會打結、磨損、拉扯及鬆脱 3. 容量大 4. 價格便宜	適合大家庭使用，因為可以大量洗衣服，時間也較短，非常適合忙碌工作中，時間較少的人。
滾筒洗衣機	1. 洗衣時間較長 2. 衣物也較不會纏繞糾結 3. 容量小 4. 價格較貴	容量較小，洗衣大都需要分類，但現在有洗脱烘乾的功能，雖然洗程需要約 3 個小時，但烘乾完能出接取出、收納。

POINT 4

疲意全消，
我的衛浴暨清理設備

不用再天天刷馬桶，
免治馬桶怎麼選？

很多女生都跟我一樣，看到馬桶很髒會厭惡、受不了，就好像得了強迫
症，一定要去把它刷乾淨才行，但偏偏在家做這一件事的大多是女生，
於是我一直很想有個泡沫潔淨便座，這樣不用每天讓我看到污垢殘留在
馬桶壁上，還要去把它刷乾淨才行。我研究了市面上很多電腦便座馬桶，
大部分都是著重在清洗的部分，但是看到 Panasonic 有出泡沫潔淨便座，
這台是強調有泡沫潔淨功能，泡沫能保護馬桶內層，並且減少黃斑、污
垢的附著，這對很多需要清潔家裡馬桶的人真的是一個很大的福音，於
是決定將它帶回家。

選擇

　　原本我家的是普通馬桶蓋，沒有什麼功能，只要有人上完廁所過後就很容易殘留污垢，有時候我都覺得誰上完廁所，誰就應該把馬桶刷乾淨，但是我發現家裡有這種觀念的人很少，例如：老人或是小孩，要請他們刷馬桶根本就是一件很困難的事，因為老人行動力不方便，小孩教他又刷不乾淨，最後就看家裡誰撐得最久，看不下去的人就會去刷馬桶，可是往往一但某一個人去刷了馬桶，刷馬桶這件事未來變成了這一個人的工作。

　　市面上這麼多電腦便座馬桶，到底要如何選購，其實很簡單還是要看個人需求，像有些人只是要能清潔及溫熱功能，因此可以選擇價格便宜的電腦便座馬桶即可，但是我除了要有清洗屁股功能，最重要的是能有泡沫洗淨馬桶，讓我少了刷馬桶的時間，而泡沫能保護馬桶內層，減少黃斑、污垢的附著，連外觀看起來也是廁所中的精品，另外便座是使用 3D 曲面設計符合人體工學，上廁所坐太久也不會覺得累。

原本的便座容易殘留污垢，使用後又沒人要刷馬桶，於是換掉它讓大家都輕鬆，也少了刷馬桶的時間。

便座是使用 3D 曲面設計符合人體工學。

1 這台 Panasonic 泡沫潔淨便座（型號：DL-ACR500TWS），商品打開裡面有：便座、分流水閥的進水管、螺栓組、遙控器組（乾電池）。若想自己安裝也可以，裡面會附上安裝的說明書及使用說明書。來我家安裝的師傅說，一般的免治便座買回去可能會怕馬桶孔洞位子，或是兩個孔洞間的距離不同，而無法安裝，但 Panasonic 的便座有貼心設計的可調式安裝板，能調整螺絲位置，所以大部分的馬桶都是可以安裝的，（除非特殊規格形狀的馬桶，例如方形才無法安裝）。便座是抗菌材質有效抗菌99%，也有採用雙重認證，並經過 SGS 檢驗標準及符合日本 SIAA 抗菌規格。

一般免治便座會擔心馬桶孔洞位子，或是兩個孔洞間的距離不同，而無法安裝，但選擇可調式安裝板，能調整螺絲位置，讓大部分的馬桶都能安裝。

2 平時使用完後先將馬桶沖乾淨，然後按「便器面洗淨」這一個功能，當泡沫噴完後不要用水沖掉，泡沫的作用是不易讓污垢殘留，另外，如果非常愛乾淨的人，便座旁的固定控制版甴，使用前後都能按「噴頭洗淨兩秒」這個功能，噴頭處會縮回防護蓋內再一次的沖水洗淨，讓人使用起來也比較安心。

有泡沫的好處，是可以保護馬桶壁，下次使用時若有污垢會很容易清得掉。

3 一般來說電腦馬桶便座都是用塑膠材質及不是一體成型的噴嘴，很多都會在塑膠材質接縫處卡上污垢，使用久了非常難清洗，清洗沒乾淨容易滋生細菌，尤其是女生尿道原本就比男生短，容易產生感染。但做成一體式無縫不鏽鋼噴嘴，清洗簡單、方便，也不會有卡污垢的問題。

這台是做一體式無縫不鏽鋼噴嘴，清洗的時候用牙刷輕輕的一刷就能將污垢清除。

另外很多便座小朋友是坐上去上廁所後無法感應到的，所以小朋友無法使用電腦便座馬桶水洗屁股，但這一台因為是使用重力（非接觸式）感應，小朋友坐上去時，馬桶旁邊的面板「著座」粉紅色的燈，會因為偵測到小朋友的重量亮起，不會因為小朋友坐不夠深就感應不到、無法使用等問題，因此對媽媽來說省了幫小朋友清潔、洗淨屁股的時間。所以我覺得很適合每一種家庭安裝，而且電腦面板操作簡單。

結 論

這一台是使用重力（非接觸式）感應，所以小朋友使用上也方便。

安裝完後真的有減少我刷馬桶的頻率，簡單來說有了這一台馬桶壁基本上都不會殘留便垢，但在水下底部部分，久了還是會孳生黴菌，因此一個月大概還是要刷一次。另外便座是 3D 曲面便座符合人體工學，屬於抗菌材質，上廁所坐太久也不會覺得累，沖洗方式是脈衝式沖洗，適合一般家庭、自然產陰道有縫合傷口的產婦、痔瘡、老人、小孩都能使用，還有我也喜歡有夜燈模式，夜間上廁所可避免跌倒。

POINT 4

疲意全消，
我的衛浴暨清理設備

數位恆溫熱水器，
可固定溫度好好用

搬新家很重要一件事就是要裝熱水器，但裝熱水器真的是很讓人苦惱，
到底是要瓦斯熱水器、電熱水器、還是太陽能熱水器？若家裡使用熱水
頻率太多，就算用到太陽能也儲熱的熱水也可能有用不夠的狀況發生，
當有這種情形時還要等一段時間熱水才會熱，而且太陽能熱水器真的很
大，放在頂樓就無法在頂樓做個頂樓花園了，於是我們就選擇使用選瓦
斯的電熱水器，不只熱水器省、而且每個月需要的瓦斯費也不高，省下
來裝太陽能的錢也可以洗很久的熱水。

但瓦斯熱水器百百款到底選哪款好？最後研究許久，選定 Famiclean 全家安數位恆溫熱水器，因為這款台灣製造而且有通過 MIT 微笑標章認證，品質有保障，另外還能數位調整溫度，不再是傳統以幾個火焰來表示火力大小，而是調整幾度出來的水就是幾度，真的精準。

選擇

　　要取得 MIT 微笑標章不容易，需要真正全機從零件到生產組裝都在台灣才可以，目前很多都是大陸零件進口再組裝，所以無法申請到 MIT 標章。安裝師傅則必須是有行政院勞動部頒發的「特定瓦斯器具裝修」證照的來安裝，因為安裝的環境、場地都是需要有專業評估的，不是我們想裝哪裡就裝哪裡，這種還是要要求有專業證照的師傅安裝才會讓人安心。

1　安裝師傅都是有行政院勞動部頒發的「特定瓦斯器具裝修」證照。

2　安裝師父親至現場組裝。

1 這台熱水器的好處是電壓是 110V 跟 220V 兩種都能用,所以不用擔心家裡的電壓適不適合安裝,師傅會幫我們把電源拉好、插座裝好,這電源除了能提供給強排風扇供電之外,另一個好處就是不需要另外裝電池也可以點火了,要不然早期年代,常因電池沒電無法點火導致洗澡洗到一半,結果電池沒電、火點不著真是悲劇啊。

安裝師傅特別打開機器給我們看內部結構。

當中排氣管是使用 304 不繡鋼材質,304 不繡鋼的優點就是可抗強酸、不易腐蝕生鏽。

2 魔鬼藏在細節裡,雖然説台灣法規有規定排氣管要使用不易生鏽腐蝕的 304 不繡鋼材質,但集氣煙罩(下面照片裡上方銀色部分),台灣法規卻沒有規定要使用 304 不繡鋼材質,而歐盟及日本法規在這部分也有規定要使用 304 不繡鋼,所以許多台灣買的到的熱水器在這部分都只使用 202 不繡鋼,而且這部分通常是在機體裡看不到,這有點可怕,萬一腐蝕生鏽

機體裡連看不到的部分都用到高等級的材質,99% 純銅水箱,使用壽命更長。

了會漏氣排不出室外怎辦?但這台熱水器連這部分都是使用 304 不繡鋼材,這讓人安心許多,這部分在公寓安裝的部分要特別注意,因為是需要這些排氣管路強制將廢氣排到室外,但只要中間環節有破洞會漏氣就不安全了。

3 另外主控制板可以偵測環境水壓及瓦斯流量，自動調節水溫、不會忽冷忽熱，可以防止過熱、超壓、空燒，所以有軟硬體雙重防護，並且也都有通過歐盟 CE 的認證，特殊電池閥門能精準地控制空氣及瓦斯比例，讓瓦斯充分助燃，達到高燃燒效率，可以節省能源，也可以減少不完全燃燒所產生的一氧化碳。

燃燒室這部分就是瓦斯熱水器的心臟，有高密度火排孔及核心處理器來精準控制瓦斯比例，三段式火力依季節變化自動加載火排，水流傳感技術可以自動偵測進水溫度來決定加熱火力多少，像是夏天不銹鋼水塔放頂樓本來就會熱熱的，水溫若超過預設溫度熱水器就不會啟動，另外就算有裝太陽能的話也不用另外加裝電熱水器，也可以用這台數位恆溫熱水器來輔助。

使用時上方的排氣管會將廢氣強制排出喔，而且前方有活動閥門能阻止強風由此灌入，這台的好處就是可以數位式設定溫度，出來的熱水就是定溫且恆溫，像是可以設定 40 度，也能依據家裡人需求自行調整溫度，只要在面板上的上下鍵來往上或往下調整。

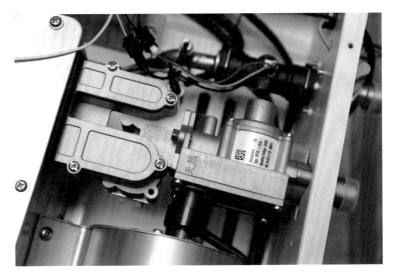

特殊電池閥門可以精準地控制空氣及瓦斯比例。

　　對喜歡泡澡的人來說溫度真的很重要，瓦斯熱水器的好處就是不會像儲熱式電熱水器那樣，用完一桶熱水沒有了，還要等它慢慢加熱；也不會像太陽能熱水器那樣，若是冬天或是雨天，熱水會變的很不穩定，當然太陽能熱水器也是有電熱輔助裝置，但用電燒熱水就是貴啊，加上太陽能熱水器本身就不便宜，一開始的成本就高了許多，另外不是透天的房子也很難裝太陽能。現在洗澡不用擔心熱水溫度忽冷忽熱，我覺得用瓦斯是最省錢的方式，不管是機器本身還是日後的使用費用，這台機器才一萬多，接下來每個月就是付天然氣費用，這樣付電費時也不會感覺很有罪惡感。

對喜歡泡澡的人來說，有一台恆溫的熱水器控制水溫很重要。

瓦斯型熱水器節省了頂樓使用空間。

　　有時像我會做 PIZZA 或是麵包，揉麵團需要約 40 度的溫水，以前就是要用冷水加入熱水的方式，然後看著溫度計去調整，但這樣真的很麻煩，正煩惱要怎麼讓水溫度 40 度的時候，突然想到我們家的是熱水器不是恆溫的嗎？因為揉麵團需要的水量比較少，只要先把管路中的冷水放掉後，就都是 40 度恆溫的了，這真的是幫了我很大的忙。

　　另外還有一個很重要的原因，就是我家的吉米一直很想在頂樓，弄個空中花園還是庭園之類的，晚上還可以在頂樓吹吹風看星星，但若是這裡放一個超大的太陽能熱水器，就無法實現這個夢想，頂樓空間也就浪費掉了，台灣寸土寸金啊，多出來的空間無價！

國家圖書館出版品預行編目資料

髮髮 X 藥師吉米，跟著網紅聰明成家享受好日
子：從賞屋購屋、設計施工到設備選品，踏實
打造高 CP 夢想家 / 吳敏髮、楊登傑著 . -- 初版
. -- 臺北市：麥浩斯出版：家庭傳媒城邦分公司
發行 , 2019.08
　　面；　公分 . -- 〔我會自己做裝潢；08〕
ISBN 978-986-408-517-0〔平裝〕
1. 家庭佈置 2. 空間設計 3. 室內設計
422.5　　　　　　　　　　　　108010833

我會自己做裝潢08

髮髮X藥師吉米，
跟著網紅聰明成家享受好日子

從賞屋購屋、設計施工到設備選品，
踏實打造高CP夢想家

作者	吳敏髮（髮髮）、楊登傑（藥師吉米）
裝潢設計團隊	竹工凡木設計研究室
責任編輯	李與真
協力編輯	施文珍、蘇聖文
插畫	王彥蘋、許恩溥 (P.07)
封面 & 美術設計	楊雅屏
行銷企劃	張瑋秦、李翊綾

發行人	何飛鵬
總經理	李淑霞
社長	林孟葦
總編輯	張麗寶
副總編輯	楊宜倩
叢書主編	許嘉芬

出版　城邦文化事業股份有限公司 麥浩斯出版
　　　地址：104 台北市中山區民生東路二段 141 號 8 樓
　　　電話：02-2500-7578
　　　傳真：02-2500-1916
　　　E-mail：cs@myhomelife.com.tw

發行　英屬蓋曼群島商家庭傳媒股份有限公司城邦分公司
　　　地址：104 台北市中山區民生東路二段 141 號 2 樓
　　　讀者服務專線：02-2500-7397；0800-033-866
　　　讀者服務傳真：02-2578-9337
　　　訂購專線：0800-020-299（週一至週五上午 09:30 ～ 12:00；下午 13:30 ～ 17:00）
　　　劃撥帳號：1983-3516　戶名：英屬蓋曼群島商家庭傳媒股份有限公司城邦分公司

香港發行　城邦（香港）出版集團有限公司
　　　　　地址：香港灣仔駱克道 193 號東超商業中心 1 樓
　　　　　電話：852-2508-6231
　　　　　傳真：852-2578-9337
　　　　　電子信箱　hkcite@biznetvigator.com

馬新發行　城邦（馬新）出版集團
　　　　　地址：Cite（M）Sdn.Bhd.（458372U）
　　　　　11,Jalan 30D ／ 146, Desa Tasik, Sungai Besi,
　　　　　57000 Kuala Lumpur, Malaysia.

　　　　　電話：（603）9056-2266
　　　　　傳真：（603）9056-8822

製版印刷　凱林彩印股份有限公司
版次　　　2019 年 8 月初版一刷
定價　　　新台幣 399 元